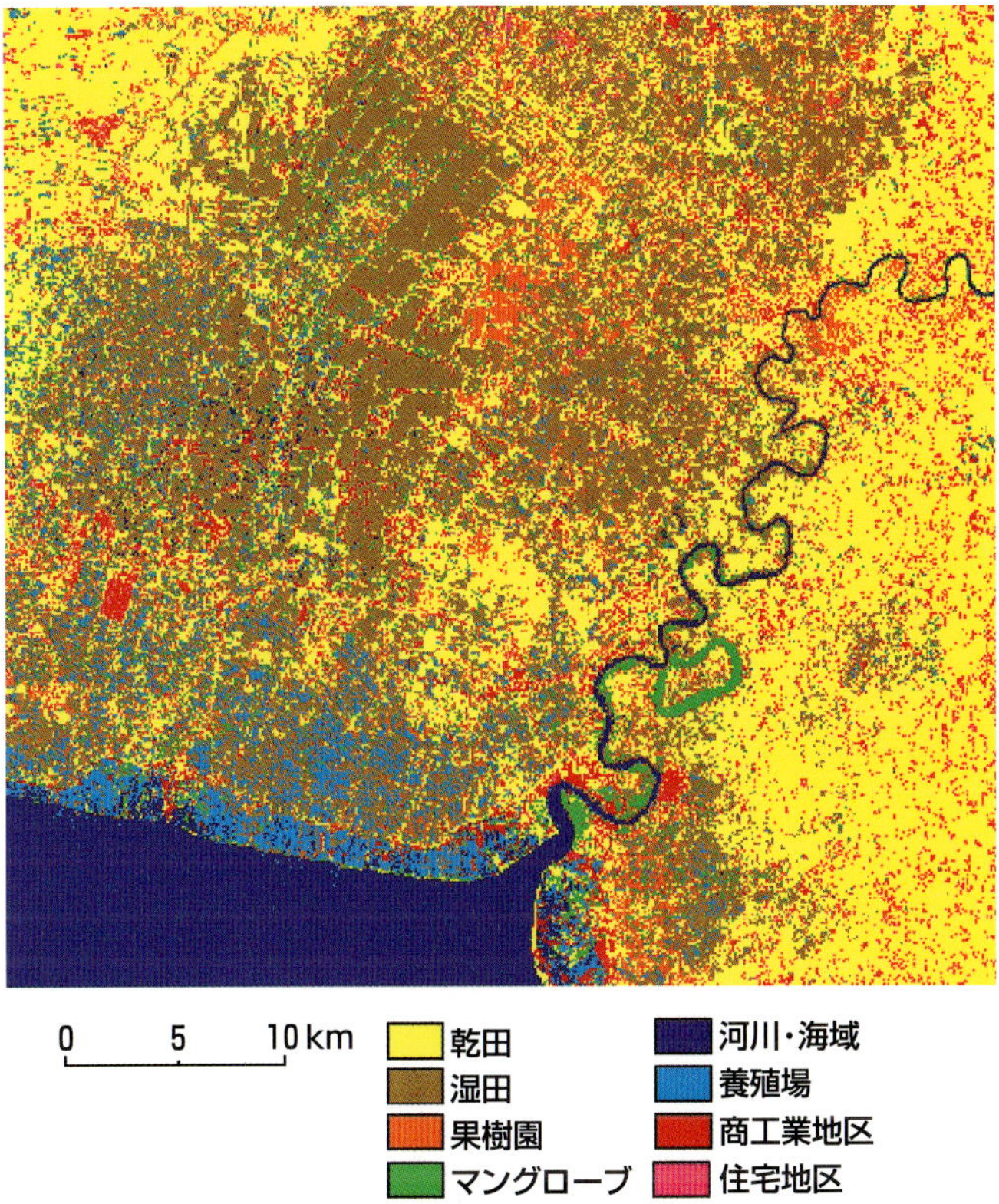

10章　図 3
タイ中央平原南東部のパンパコン地域の土地利用図（黒木原図）

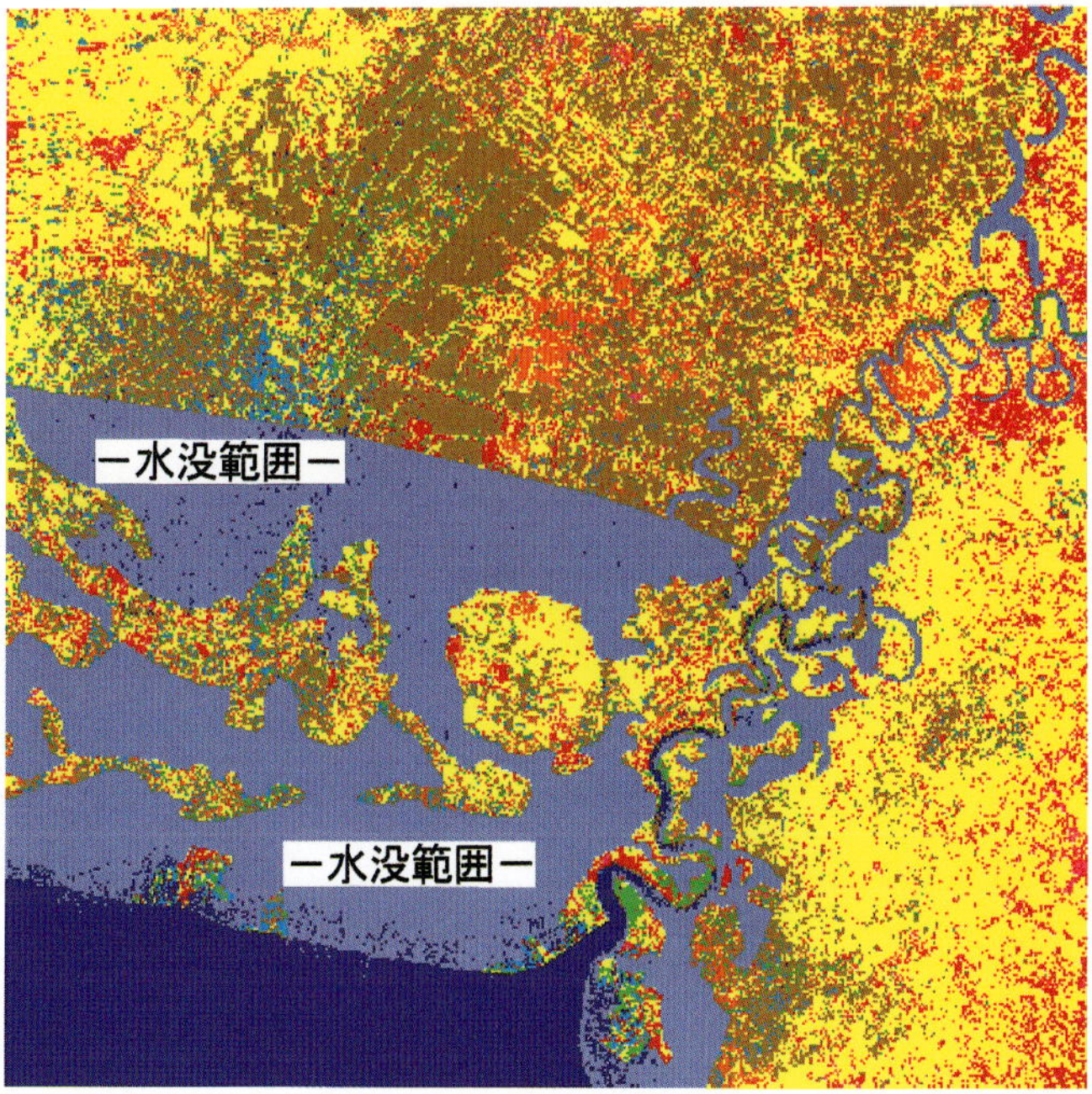

10章　図 6
１mの海面上昇による水没範囲
（背景は土地利用図、黒木原図）

3章　写真2　ミクロネシア連邦ポンペイ島のサンゴ礁型マングローブ林。（1997　藤本撮影）

3章　写真1　ミクロネシア連邦 ポンペイ島のマングローブ林。Rhizophora属の直径は最も高い支柱根上30cmの位置で計測する。（1997　藤本撮影）

◀1章　タイ国ナコンシタマラート付近の海岸侵食によって破壊された建物。（2000.2.　海津撮影）

2章　水路に面したメコンデルタの民家。水面と土地の高さにほとんど差がない。（1999.12. 海津撮影）

4章　写真1　石垣島白保の白化した枝状コモンサンゴ。
（1998.9.　茅根撮影）

4章　写真2　ミクロネシアの環礁。島々はサンゴ礁の上に打ち上げられたサンゴの破片や有孔虫の殻からなるサンゴ州島。

2章　ソンクラー湖湖岸の小デルタにつくられたエビ養殖池群。（2000.2.　海津

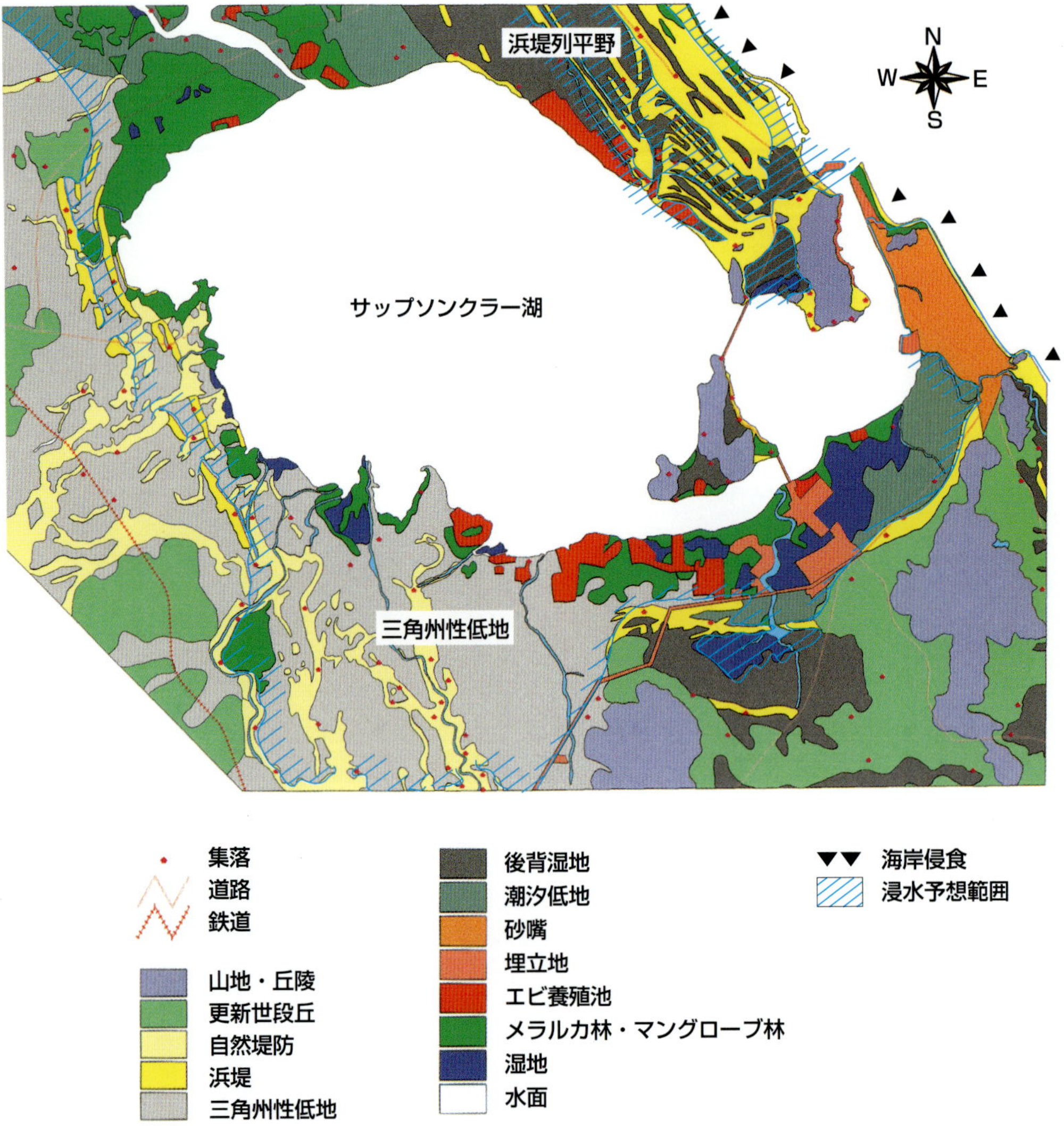

11章　図6　サップソンクラー湖における海面上昇の影響予測評価図
（平井原図、プリンス オブ ソンクラー大学天然資源学部地球科学教室のDr.Charlchai研究室のGISを利用して作成）

海面上昇とアジアの海岸

海津正倫・平井幸弘編

古今書院

Impacts of Sea Level Rise on Asian Coasts

edited by Umitsu M. and Hirai Y.

Kokon Shoin Ltd.

まえがき

地球規模の気候変動に関する最新の自然および社会科学的知見をまとめ、地球温暖化防止政策に科学的な基礎を与えることを目的としたＩＰＣＣ「気候変動に関する政府間パネル」（the Intergovernmental Panel on Climate Change）が、１９８８年に国連の組織の一つとして設立された。そして１９９０年と１９９５年には、それぞれＩＰＣＣ第１次、同第２次レポートが出され、これらは国際的な地球温暖化対策への取り組みの重要な指針となってきた。そして本年４月にはその第３次レポートが発表され、温暖化に対する人為的な関与が明確となるとともに、すでに生態系への温暖化の影響が現れていることも指摘された。そして、地球全体の気温は従来の予測より上方に修正され、２１００年までに1.4～5.8度上昇すると予測されている。

このような地球の温暖化にともなって、地球の全球海面水位も過去１００年間にすでに10～25㎝上昇し、さらに２１００年までに9～88㎝上昇すると予測されている。そのような海面の上昇は、単に標高の低い沿岸域が水没するだけでなく、海岸の地形や自然生態系全体に幅広く影響が及ぶと考えられている。また海岸・沿岸域は、人口が集中し都市化・工業化によって土地利用・水域利用が高度化している。そのため、海面上昇によるそれぞれの地域社会への社会・経済的な影響も深刻で、すでに太平洋のサンゴ礁の島々や途上国のデルタや砂浜海岸では、顕著な海岸侵食に見舞われているところも多い。

このような急激な地球環境の変動について、１９９０年から国際的な研究計画であるＩＧＢＰ「地球圏-

生物圏国際共同研究計画」（International Geosphere-Biosphere Programme）も始まり、その一つのコアプロジェクトとして、ＬＯＩＣＺ「海岸・沿岸域における陸域海域の相互作用」（Land-Ocean Interactions in the Coastal Zone）に関する研究計画が立ち上げられた。

日本でも、１９９４年に日本学術会議の中にＬＯＩＣＺ小委員会が設けられ、海岸・沿岸域におけるさまざまな環境問題についての研究計画が組織的にスタートした。そして１９９６年４月には、地理学の関係者を中心として、日本地理学会のなかに「海岸・沿岸域の環境動態研究グループ」（代表：海津正倫）が組織され、以後４年間にわたってマングローブ林やサンゴ礁の生態学的研究や海岸の洪水・侵食などの災害、また低地の地形発達・環境変化などに関して活発な討論が行われてきた（詳細は、巻末の記録を参照）。そして、この研究グループの活動の区切りとして２０００年３月の日本地理学会の春季学術大会で「地球規模の環境変化とアジア・太平洋地域における海岸環境」と題してシンポジウムが開催された。

本書はこのシンポジウムを骨格とし、さらに内容を充実させるよう新たな執筆者を加え、また各著者が図や写真を工夫して、広く一般の方々にも読んでいただけるようにわかりやすくまとめたものである。その構成は、第１部　多様な海岸域における海面上昇の影響、第２部　都市地域における海面上昇の影響、そして第３部　海面上昇の影響予測と対応戦略　の３部とした。第２部には本シンポジウムのオーガナイザーの一人でもあった春山成子氏にマニラ首都圏についての論考を寄稿していただいた。また三村信男氏には、シンポジウムの総合討論で、①海面上昇の影響が厳しいとされる途上国では、その影響予測のための基礎データが不足しており、定量的な予測モデルの開発が重要である、②沿岸域の人口密度の大きいアジアでは、西欧主導で推奨されている対応戦略とは異なった考え方が必要という貴重な指摘をいただいた。そこでそのような指摘を軸に「海面上昇への対応」という視点から、本書第３部にも執筆をお願いした。

本書のきっかけとなったシンポジウムでは、地理学分野の研究者のみならず、海岸工学、都市計画、地質学といった隣接分野からの報告も得て、海岸環境の現状と将来予測について多面的に議論が行われた。また、このシンポジウムと同時に開かれた日本地理学会創立75周年記念の特別公開シンポジウムでは、21世紀の地理学への期待として「フィールドワークを出発点として、社会的要請に応えるべく実証的な研究を」という点が強調された。

本書は、右に述べたように学際的かつ現場での詳細なフィールドワークに基づく報告が主体となっている。また、海岸地域での急速な環境変化の現状分析にとどまらず、そのような環境変化に対する自然と社会の応答を含め、各地域の今後の将来予測と対応策までが議論されている点も見逃せない。地理学に関係する方々だけでなく、広く今日の地球環境問題に関心を寄せられる多くの方々に、読んでいただければ幸いである。

日本学術会議ＬＯＩＣＺ小委員会を立ち上げ、その最初の委員長を務めるなど、日本におけるＬＯＩＣＺ研究の中心的な役を果たされた米倉伸之先生は、誠に遺憾ながら七月二九日に逝去された。先生は、一九六〇年代から約四〇年間、海と陸の間である海岸を自らの足で歩き、海からの視点で現代社会が抱える地球規模の環境問題に積極的に取り組んでこられた。本書のもとになった二〇〇〇年三月の日本地理学会でのシンポジウムでも、そのような自然地理学者の立場から、「デルタフロントへの居住域拡大やサンゴ礁・マングローブ域における環境変化、島嶼国における問題などに対して、自然的特性だけでなく地域の問題に踏み込んで考える必要があり、自然科学分野および人文・社会科学分野の両研究者間のネットワークづくりが必要である」というコメントをいただいた。本書を執筆した私たちへの期待と課題でもある。本書を、先生の御霊前にお捧げいたしますとともに、謹んでご冥福をお祈りいたします。

最後になりましたが、前記シンポジウムの開催にあたってご協力いただいた早稲田大学のスタッフの方々、講演・寄稿していただいた方々、そして出版に際し細かいところまで配慮していただいた古今書院の関田伸雄氏に、この紙面を借りて深く感謝いたします。

二〇〇一年七月三〇日

編者

海津正倫

平井幸弘

目次

第1部
多様な海岸域における
海面上昇の影響

土を掘り上げてつくられた短冊形の畑（メコンデルタ）（1999年12月海津撮影）

1　アジア・太平洋地域の海岸環境

海津正倫

ユーラシア大陸の東岸とその東側に広がる太平洋西部には、寒帯から熱帯にわたる多様な自然とさまざまな海岸環境がみられる。海岸域の環境は海岸地形の多様性やそれをとりまくさまざまな自然環境によって特徴づけられるほか、それぞれの地域における人間活動によってもちがいをみせる。第一章ではアジア太平洋地域とくにユーラシア大陸東岸および西太平洋地域の海岸環境について概観し、海面上昇との関わりについても言及する。

一　アジア・太平洋地域の自然と多様な海岸

ユーラシア大陸北東部の、朝鮮半島東岸から日本海北岸のプリモルスキー地方、さらにオホーツク海北岸からカムチャツカ半島を経てベーリング海峡に至る地域は、冷涼あるいは寒冷な気候条件のもとに、特徴ある海岸環境をみることができる。海岸域にはカムチャツカ半島西部や北部のアナディリ湾沿岸を除いて、全体として山地・丘陵が海にせまる岩石海岸が卓越するが、海成段丘はカムチャツカ半島や千島列島などにみられるのみで、それ以外の地域ではあまり発達しない(1)。また、アムール川をはじめとする多くの河川が海岸に向けて流下しているが、これらの河川に沿って発達する沖積低地の規模は比較的小さく、泥

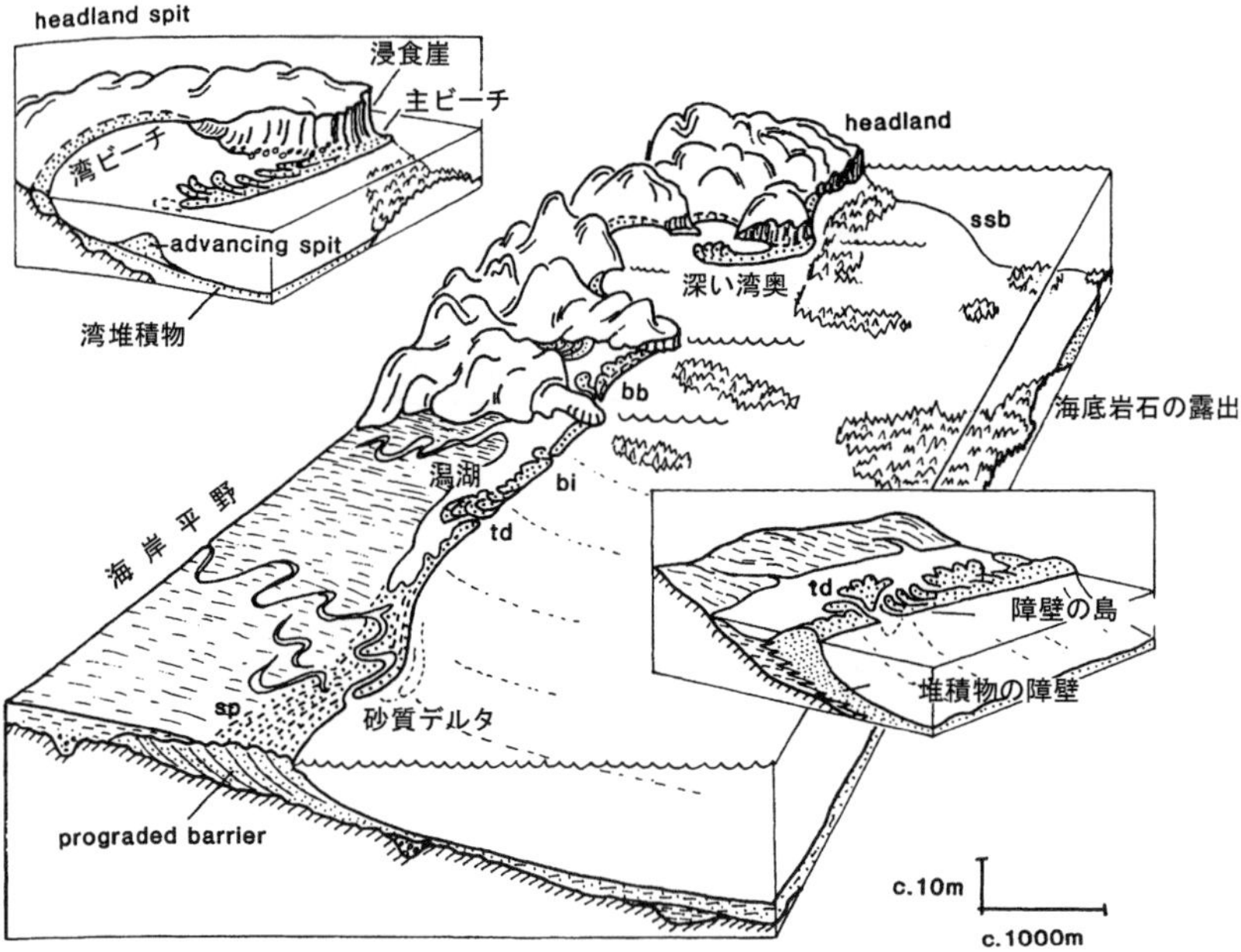

図1　さまざまなタイプの海岸地形（Roy et al., 1994）[9]

炭地が良好にみられるものの顕著な三角州は発達していない。ベーリング海やオホーツク海沿岸では激しいストームが発生することが知られ、春や秋には10mを超える暴浪が海岸部を襲う。プリモルスキー地方より北の地域では冬季に流氷が海岸付近を埋め尽くすところも多く、アナディリ湾岸にはフィヨルドも発達する。これらの地域では凍結・融解現象のために礫の生産量が多く、海岸部には礫浜や礫州が数多くみられる。

東アジアから南アジアの大陸部には黄河、長江、メコン川、ガンジス川などの大河が流れ、その下流部には大規模な三角州（デルタ）が発達する。これらの河川が運搬する土砂量は莫大で、土砂の堆積によって沖積平野や河口付近の地形が大きく変化してきた[2][3]。また、この地域には、潮差のきわめて大きな場所もあり、中国の杭州湾に注ぐ銭塘江河口付近のように、春秋の大潮時に干満の差が10m以上にも達し、河道内を海水が滝をなしてさかのぼるという逆潮流の現象がみられるところもある。また、朝

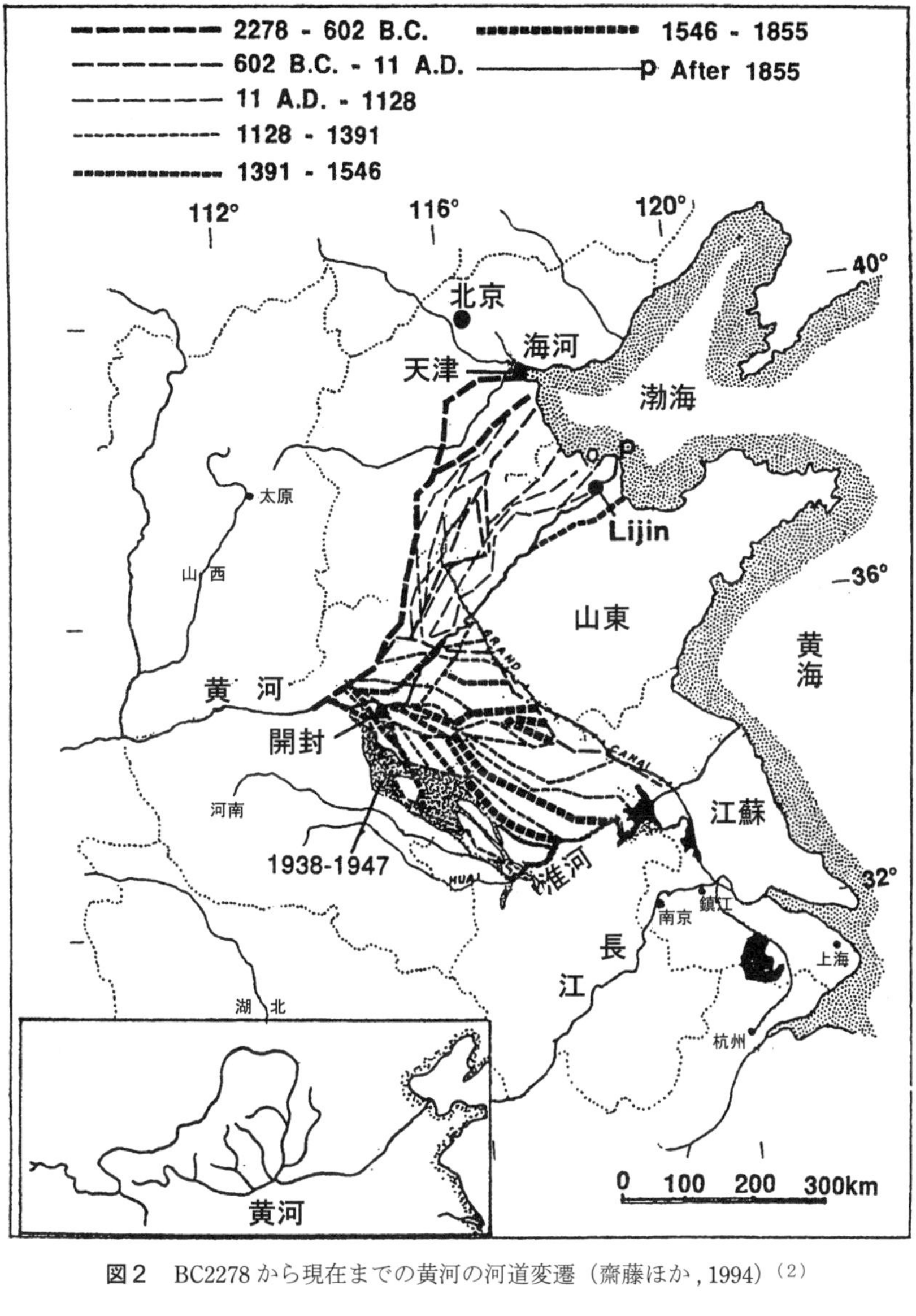

図２　BC2278から現在までの黄河の河道変遷（齋藤ほか, 1994）(2)

鮮半島の北西岸のように比較的大きな潮差と遠浅の浅海底とによってきわめて広大な干潟が発達する地域も存在する。[4]

山地や丘陵が直接海に面する場所では広大な沖積低地は形成されにくい。これらの地域では、一般に小規模な河川が海に注ぎ、砂浜海岸やその背後の小規模な沖積低地が発達する。海岸域に砂礫が供給されるところでは礫浜となるところも多く、日本列島や台湾などのように急峻な山地が存在し、多量の砂礫が供給されるところでは、扇状地が直接海に面して発達するところもある。多くの地域では海浜堆積物は砂から成り、それらによって形成された砂州や砂嘴の背後には潟湖（ラグーン）が発達するところもある。ベトナム中部のフエからダナン、さらに南のホイアン地域にかけての地域や、マレー半島のナコンシタマラートからソンクラーにかけての地域などには海岸に沿って顕著な砂州が発達し、その背後にタムヤン~カウアイ湖やソンクラー湖などの広大な潟湖が存在する。これらの潟湖の水深は浅く、ソンクラー湖の中南部では埋積の進行によって湖底の一部がすでに陸化しつつある。

中国南部から東南アジア・南アジアにかけての亜熱帯・熱帯地域の海岸部ではマングローブ林が生育する。[5]マングローブ林は日本の南西諸島にもみられるが、低緯度に向かうほど樹種が多くなる傾向をもち、とくに、東南アジアや南アジアのデルタ縁辺部やエスチュアリーとよばれる入り江の部分には顕著なマングローブ林が発達する。マングローブ林はその大部分が中等潮位から高潮位にあたる高位干潟の部分に発達するが、インドネシアやタイ、ベトナムなどをはじめとする東南アジアや南アジアの地域ではエビ養殖池の拡大にともなって

写真１　ベトナム中部ホイアン付近に発達する砂堤列（1997.9.11　海津撮影）

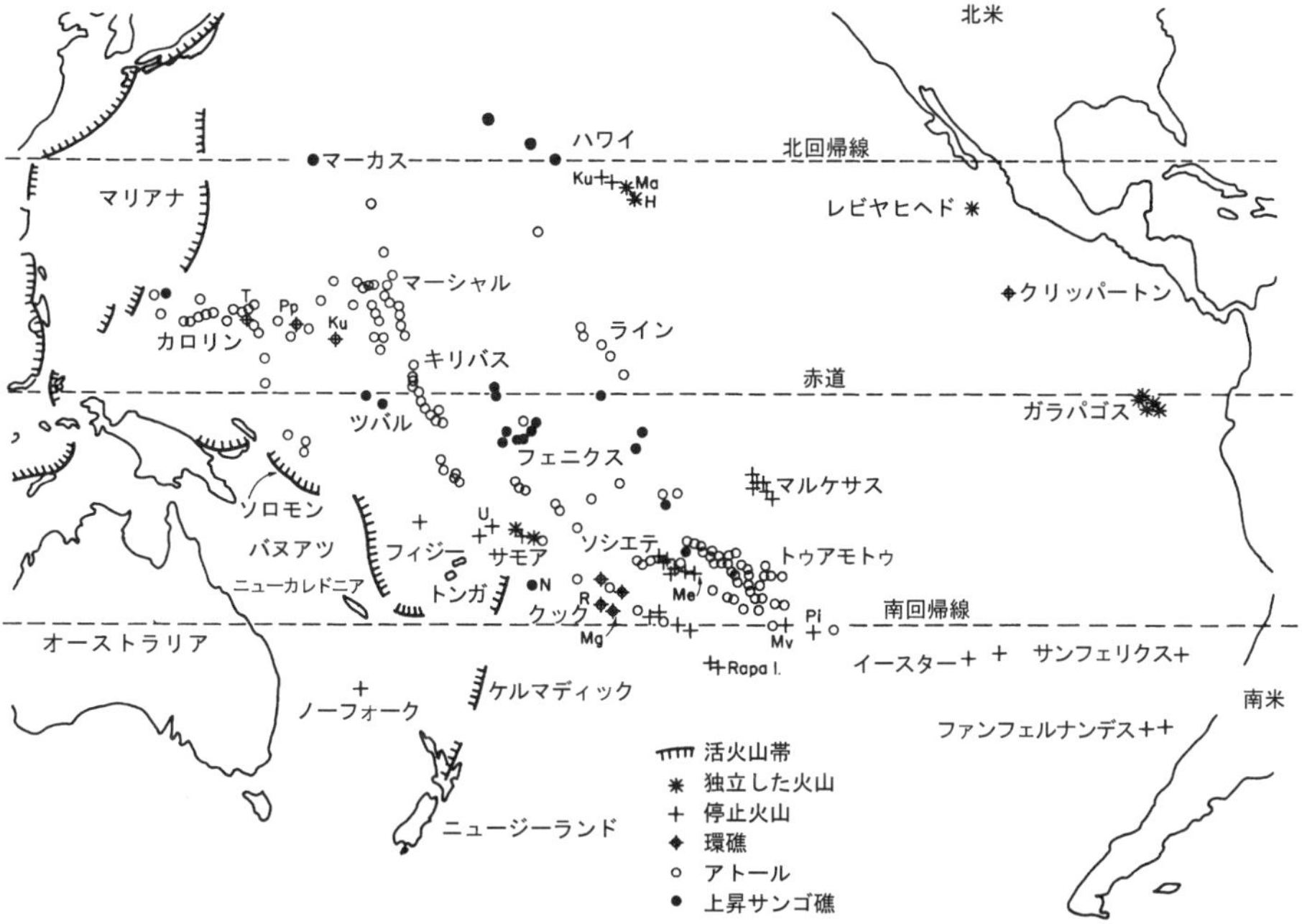

図３　太平洋における島嶼の分類（Bird and Schwarz eds., 1985）[4]

その面積が急減しつつある[6]。

また、熱帯・亜熱帯の太平洋地域には火山島やサンゴ礁などからなる島々が数多く分布する。なかでも、インドネシアやフィリピンなどは大小さまざまな島によって構成されており、その海岸線は多様である。これらの島々には狭い沖積低地や小規模な海岸平野が発達し、丘陵や山地が直接海に臨んでいるところも多い。また、ニューギニア島、スマトラ島やカリマンタン島などでは広大な海岸低湿地が発達し、泥炭地も形成されている。さらに、熱帯・亜熱帯の大陸縁辺部や西太平洋のポリネシア・ミクロネシア・メラネシアなどの地域にはサンゴ礁が顕著に発達している。なかでも環礁では島の標高が数メートル以下となっていることが多く、ミクロネシア連邦、マーシャル諸島、ツバルなど大部分が環礁によって構成されている国もある[4][7]。

二　海岸環境と海面上昇

アジア・太平洋地域における海岸環境は、地形的には山地・丘陵などが海洋や内湾と接する場に形成される岩石海岸、主として海の営力のもとに砂（礫）質堆積物が堆積して形成された砂（礫）浜海岸、河川と海との両方の営力のもとに河川運搬物質が堆積して形成されたデルタや、潮汐の影響を強く受けたエスチュアリーなどに分けられ、さらに、生物起源の特徴ある海岸として熱帯・亜熱帯域に顕著にみられる珊瑚礁海岸やマングローブ海岸などが存在する。

これらの海岸のうち、岩石海岸では、侵食に対する抵抗力は地質のちがいや海底地形によって左右され、一般には未固結の第四紀層や新生代に形成された凝灰岩などが侵食されやすい。ただ、岩石海岸における地形変化は一般的には緩慢であり、１００年程度のオーダーでは離水波食棚が沈水する場合などを除いて海面上昇による大きな変化はほとんどみられないと考えられる。

一方、堆積物の供給量の大きい大河川の下流部や局地的な沈降域では河川によって運ばれた土砂が堆積して三角州が形成されている。東アジアや東南アジア、南アジアにはこのようにして形成された黄河デルタやメコンデルタ、ガンジスデルタなどの大規模なデルタが発達しており、これらのデルタでは、一般にその規模が大きいほどほど地表勾配が緩く、海抜高度の低い平坦な土地が広がっている。そのため、わずかな海面上昇が広い範囲にわたってさまざまな影響を及ぼし、土地自体の水没や海岸侵食など海面の上昇によるさまざまな影響を受けやすい地域となっている。とくに、三角州の前縁部は軟弱な堆積物から成る不安定な土地であり、高潮による氾濫や海岸侵食などによって大きな被害を受けやすい地域となっている。

沿岸流などによって堆積物が海岸線に沿って移動し、堆積した場合には、砂（礫）浜海岸が形成される。その規模は数十kmに及ぶ大規模なものまでさまざまで、砂丘や浜堤列をともなうことが多い。このような砂（礫）質堆積物よりなる海岸平野や、砂州が発達する海岸では、わずかな海面上昇によって顕著な海岸侵食が起こる可能性が高いとされている。日本では、三村ほか（１９９４）によって[8]、ブルン則モデルにもとづいて全国規模の侵食の予測がおこなわれ、30㎝の海面上昇でも、現存の砂浜の５６・６％に相当する約１１００haの侵食が生じる可能性が指摘されている（本書、第5章参照）。

写真２　海岸侵食によって破壊されたタイ南部ナコンシタマラート近郊の建物（2000.2.29　海津撮影）

入り江の奥の小河川の河口部などにはしばしばエスチュアリーとよばれる潮汐の影響を強く受ける地形がみられる。このような入り江に面した河口付近の地形は三角江ともよばれ、干潮時に離水し、満潮時に沈水する土地が広い面積を占めて潮汐の状態に対応した植物や動物が特徴的な分布を見せる。このような土地では、潮間帯および高潮位に近い高さの土地が広い面積を占めているため、わずかな海面上昇が地形や植生などに大きな影響を及ぼす。ただし、日本の沖積低地の多くのように背後の沖積地の地表勾配が比較的大きく、砂礫質あるいは砂質堆積物よりなる場合には、海水準変動の影響が及ぶ範囲は比較的狭い範囲に限られる。

このほか、土砂の供給が比較的少ない熱帯・亜熱帯の島々や、大陸縁辺部の海岸地域には珊瑚礁やマングローブが発達している。南太平洋などでは島が沈降することによって珊瑚礁が形成され続けてつくられた卓礁や環礁も多く、それらの島々では土地の高さが海面よりわずかに高いだけとい

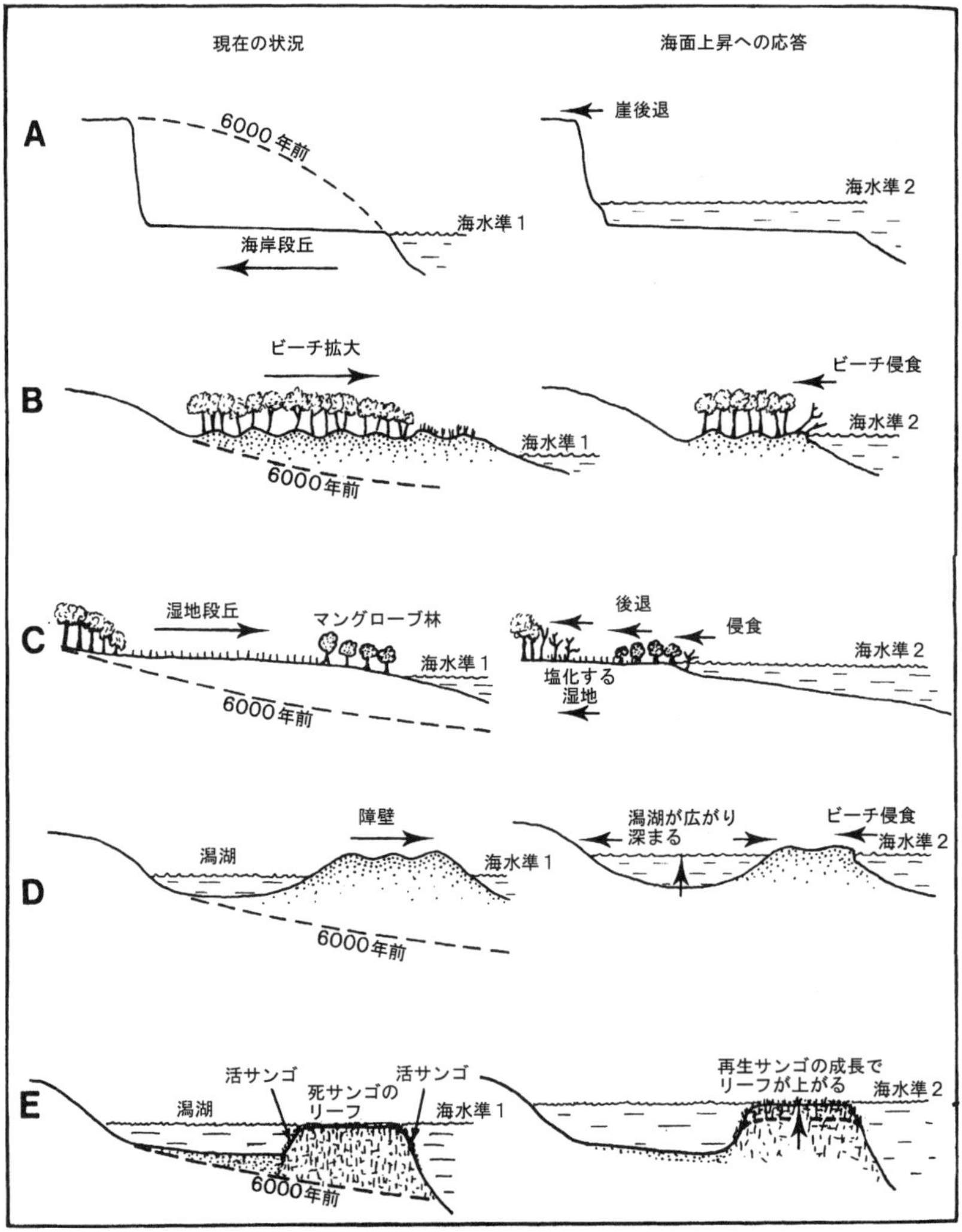

図4　さまざまな海岸における海面上昇の影響模式図（Bird, 2000）[10]

うものも多い。珊瑚礁・マングローブともその生息条件として潮位との関係が重要である。そのため、これらの海岸では海面上昇によって生物体としての珊瑚礁やマングローブの生育条件が変化したり、それらの生育が海面上昇速度に追いつかないなどによって珊瑚礁やマングローブの立地動態に変化が生じる。

三　海岸環境の地域性―自然海岸と人工海岸

日本の海岸では基盤岩が直接海に面する岩石海岸を除くと、自然のまま残されている海岸線は非常に少ない。とくに人口の集中している太平洋沿岸や瀬戸内海沿岸などでは、早くから干拓、埋め立てが進行し、海岸線自体が大きく変化してしまっている。なかでもデルタ海岸は、本来、陸域と海域との境界が不明瞭で、背後に海面との比高があまり大きくない土地が広がっていたところであるが、現在は、海岸線に沿う顕著な堤防によって海陸の境がはっきりと区切られてしまっている。また、その前縁部でも次々と干潟を陸化して干拓地としたり、新たな土砂を人為的に供給することによって埋め立て地が造成されたりして、人工の陸地が拡大している。

こうした人為的な海岸地形の変化は、日本のみならず、人口稠密な東アジア諸国においても進行していて、大都市が直接海に面して立地している地域では普遍的にみられる現象となっている。

また、砂浜海岸でも多くの地域で港湾やそれにともなう突堤などの構造物の

写真3　チャオプラヤデルタ海岸部の潮汐平野に広がる塩田（1999.3.7　海津撮影）

写真４　伐採されつつあるメコンデルタ南西端のマングローブ林（2000.12.5　海津撮影）

写真５　タイ南部ナコンシタマラート近郊につくられたエビ養殖池（2000.3.2　海津撮影）

建設がおこなわれ、それによって海浜砂の移動に影響が生じて海岸侵食などさまざまな変化が起こっている。さらに、ダム建設などによる上流域からの土砂供給量の減少などによっても海岸地形が変化し、顕著な侵食が進行している例がある。各地の海岸ではこのような海岸侵食の進行を防ぐために護岸や離岸堤が建設されていて、本来の自然が大きく変化しつつある。

　これらの変化の激しい海岸に対して、北東アジアや東南アジア、南アジアにおける人口分布の希薄な地域では、人工的な改変がほとんど進んでいないところも残されている。このような地域では、自然のシステムが比較的良好に保たれており、そこで生活する人々も自然の生態系の一部として、あるいは自然のシステムをふまえた上で生存している。なかでも、マングローブやサンゴ礁の卓越する地域では、古来多くの人々がそれらの地域における自然資源を利用しながら伝統的な生活を守り、自然の秩序の中で自らの生活を営んできた。しかしながら、近年、そのような地域においても世界経済の波が直接的に押し寄せ、他地域への資源供給地やリゾート地として変化する例がみられる。とくに、東南アジアや南アジア各地では、エビ養殖池が急激に拡大しつつあり、海岸部の土地利用が著しく変化しつつある。

温暖化にともなう海面上昇の影響は海岸域にさまざまな影響を及ぼす。直接的な水没や海岸侵食のみならず、河川勾配の減少にともなう排水不良地の増大や地下水位の上昇、海水の進入などさまざまな現象が想定される。また、これらの地形や海岸環境のそれぞれがもつ固有の特徴は、それぞれの場所における人文・社会的な条件によって大きく変化し、国や地域の社会・経済的な背景のちがいによって顕著な地域性を示す。アジア・太平洋地域では長い年月にわたって海岸や臨海域を守るためのさまざまな努力が払われており、そのような歴史的背景や現在の国や地域の社会・経済的状況によるちがいが著しい。

写真６　濃尾平野南部の地盤沈下観測所と海抜０ｍの標識（1991年　海津撮影）

とくに、途上国の臨海部では海岸部の改変や海岸線の保護などが十分おこなわれていないものの、人々の居住が活発に進行していて、自然環境の猛威に対して人々が無防備な状態におかれている地域も多い。ベトナムやタイなどではすでに顕著な海岸侵食が進行しているほか、台風やサイクロンの襲来によってわずか数時間で海岸部が侵食され、海岸線が大きく後退した例も多くみられる。

このように、一口にアジア・太平洋地域の海岸といっても、地域によってさまざまであり、地形的には同質の土地であっても、社会経済的な条件の違いによって現実の土地利用や改変状態に大きなちがいがみられる。

このような状況をふまえて海面上昇に対する対応を考えた場合には、すでにさまざまなインフラ整備が進んでいる国や地域と、それらが十分でない所とでは対応しなければならないことがらに大きなちがいが生じている。たとえば、今後１００年間の海面上昇量を50㎝と見積もった場合には、日本では１４１２

㎢が海面下に沈み、人口の２・３％にあたる２９０万人が移住を余儀なくされると指摘されている。

しかしながら、関東平野や濃尾平野など日本の主要沖積平野ではすでに０ｍ以下の土地が広く分布しており、満潮時にはその面積はさらに拡大する。これらの土地の多くは１９６０年代に顕著に進行した地盤沈下の影響を受けたところであり、見方を変えるならば地盤沈下によってすでに相対的な海面上昇の影響を受けてしまった地域であるといえるが、これらの地域では堅固な海岸堤防や防潮水門、多数の排水機場が整備されており、そのような土地でも日常的には海面下の土地であることを気にすることなく人々は生活している。

これに対して、インフラ整備の十分でない地域、たとえばガンジスデルタやメコンデルタの臨海部などでは、縦横に走る水路沿いに堤防や護岸の建設がおこなわれていないところが多い。そのため、これらの地域では、台風やサイクロンに伴う高潮によってひきおこされる海面の上昇でもその影響が陸域に及ぶのを防ぐことができず、広大な地域が水没することがしばしばである。また、土地自体の高度が低いため、通常時でもすでに満潮時に浸水する地域があり、数十㎝といったわずかな海面の上昇でも現在のインフラ整備の状態ではそれが陸域に及ぶのを防ぐことがかなり困難である。このような状況を解消するためには、海岸や河岸に護岸や堤防を建設し、水門や排水機場などを設置しなければならないが、全体の面積が広大であることや、おびただしい数の水路網が分布することなどから、十分な整備のためには多大な資金と時間が必要であると考えられる。

このように、海面上昇の問題を考える際には、単に自然的な条件のみに注目するのではなく、それぞれの地域の社会・経済的な条件についても十分に考慮し、それぞれの地域に応じた検討をおこない、対策を講じることが重要である。

文献

（１）Kulakov, A. P. (1973) *Quaternary Coastlines of the Okhotsk and Japan Seas*. Nauka press, Moscow.

（２）齋藤文紀・池原研・片山肇・松本英二・楊作升（１９９４）東シナ海陸棚堆積物に記録された黄河の河道変遷と人為的影響　地質ニュース　４６７号　８—16頁

（３）Umitsu, M. (1997) Landforms and floods in the Ganges delta and coastal lowland of Bangladesh. *Marine Geodesy*, **20**, 77-87.

（４）Bird, E. C. F. and Schwartz eds. (1985) *The World Coastline*. Van Nostrand Reinhold Company, New York, 1071pp.

（５）Spalding, M., Blasco, F. and Field, F. eds, (1997) *World Mangrove Atlas*. International Society for Mangrove Ecosystem, Okinawa, 178pp.

（６）Field, C. D. (1995) *Journey Amongst Mangroves*. International Society for Mangrove Ecosystem, Okinawa, 140pp.

（７）MacLean, R. F. and Woodroffe, C. D. (1994) Coral atolls. In Carter, R. W. G. and Woodroffe, C. D. eds. *Coastal Evolution*. Cambridge university Press. 267-302.

（８）三村信男・井上馨子・幾世橋慎・泉谷尊司・信岡尚道（１９９４）砂浜に対する海面上昇の影響評価⑵—予測モデルの妥当性の検証と全国規模の評価—　海岸工学論文集　41号　１１６１—１１６５頁

（９）Roy, P. S., Cowell, M. A., Ferland, M. A. and Thom, B. G. (1994) Wave-dominated coasts. In Carter, R. W. G. and Woodroffe, C. D. eds. *Coastal Evolution*. Cambridge university Press. 121-186.

（10）Bird, E. (2000) *Coastal Geomorphology: An introduction*. John Wiley and Sons, Ltd., 322pp.

2

アジアのデルタにおける海面上昇の影響

海津正倫

デルタの土地は一般的に低湿で、東アジアや南アジアでは古くから稲作がおこなわれることによって人々の居住・生産の場として重要な役割を果たしてきた。とくにアジアのデルタにはきわめて多くの人々が生活しており、人口の集中にともなってさまざまな問題をかかえるところも多い。また、デルタは低平であるため、河川の氾濫や高潮災害などさまざまな自然災害を受けやすい地域でもあり、14万人もの犠牲者を出した１９９１年のバングラデシュにおけるサイクロン災害や２０００年のメコンデルタの水害などなどきわめて大規模な被害も発生している。

近年、地球規模の環境変動にともなう海面上昇の影響が大きな問題となっており、海面と土地の高さの差がほとんどないデルタでは、わずかな海面の上昇がさまざまな問題をひきおこすことが指摘されている。とくに、ガンジスデルタやチャオプラヤデルタ、メコンデルタなどの熱帯アジアの大規模なデルタでは、居住人口がきわめて多いにもかかわらず、十分な社会的基盤の整備が行われていない地域が広く分布しているため、海面上昇の影響が大きいと考えられる。ここではさまざまな問題が指摘されているこれらの地域を例にとり、とくに自然的基盤をふまえながらそれぞれの地域の現状と課題を検討する。

一　熱帯アジアにおけるデルタの特質と脆弱性

熱帯アジアのデルタはデルタ固有の自然環境に加え、熱帯アジア特有の自然環境を反映した特質をも兼ね備えている。デルタ地形のもっとも基本的な共通点は、地表にほとんど起伏がなく、全域がきわめて低平であるという点である。メコンデルタではほぼ全域が海抜３ｍ以下であり、チャオプラヤデルタやガンジスデルタでも海岸から約１００㎞内陸までの地域が３ｍ以下の土地となっている。そのため、これらのデルタでは地表面の勾配がきわめて緩く、３～５／10万あるいはそれ以下というほとんど水平に近い状態になっている。このような低平な土地では自然状態での地表水の排水が困難であり、広大な排水不良地が出現しやすい。

　モンスーンの卓越する東南アジアや南アジアでは顕著な雨季が存在し、河川の流域にもたらされる大量の降水によって河川が増水し、毎年の雨季には各地で氾濫がおこる。また、流域における活発な風化作用によって、河川への土砂供給量も多い。一般に、雨季の期間は3～4カ月続き、雨季末期にはデルタのかなりの地域で大規模な氾濫がみられる。とくに、自然堤防に囲まれた後背湿地は著しい排水不良地になりやすく、雨季における湛水深が数ｍを超えるところもある（図1）。また、これらのデルタでは河川に沿う堤防の建設が不十分なところも多く、堤防のまったく存在しないところも多い。その結果、雨季が始まると河岸の低い部分や内陸の排水不良地などから順に浸水あるいは湛水が始まり排水が十分でない地域では広い範囲が水没する。

　ガンジスデルタでは１９８７年および１９８８年の雨季に国土の５分の２余りが水没するきわめて深刻

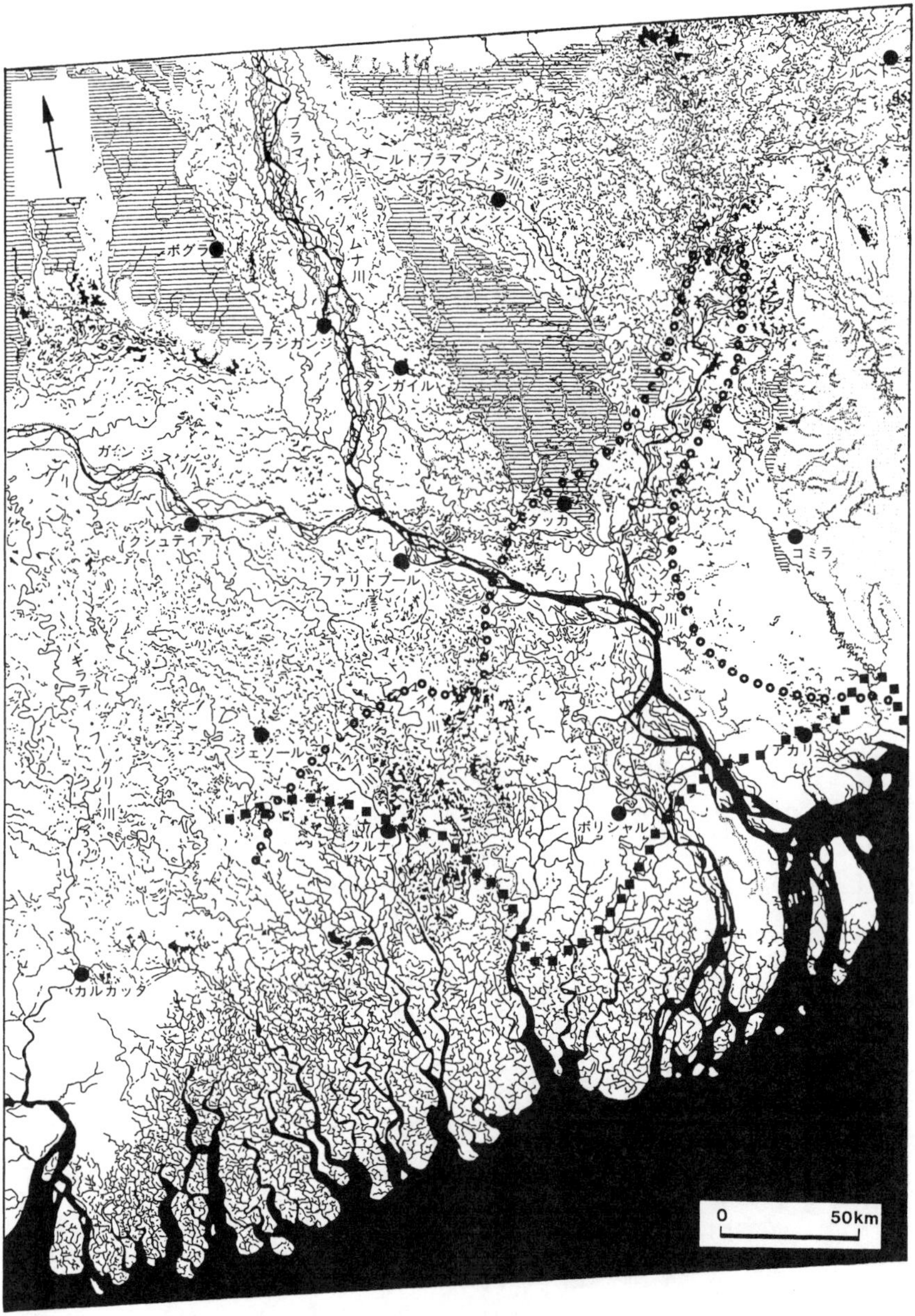

図1　ガンジスデルタの水系網と乾季における感潮限界および塩水（1000 マイクロモー以上）の分布範囲．感潮限界（白ヌキ丸）および塩水分布（黒四角）は Kaushe *et al*.(1996) にもとづく．

な水害が発生した(1)。この地域では例年６月から９月下旬あるいは10月上旬にかけての時期が雨季にあたり、隣接するインドのアッサム地方の年間降水量１万㎜など、ガンジス川やブラマプトラ川流域に降るかなりの降雨がこの地域に集まることにより、毎年のように広い範囲にわたって洪水・氾濫がおこる。したがって、ガンジスデルタに住む人々にとっては雨季の氾濫は毎年必ずくり返される出来事でもある。しかしながら、１９８７年および１９８８年の水害は、台地上に立地し、従来水害の被害をあまり受けなかった首都ダッカの市街地でもかなりの地域が水没したほか、バングラデシュ国内の各地で例年を超える氾濫がおこり、水没したり流失したりする家屋が続出し、多くの被害が発生したという点で異常なものであった(2)(図２)。

写真１　2000年9月水害によって水没するメコンデルタ北部（2000.9.6　海津撮影）

また、メコンデルタでも２０００年９月の大規模な水害によってデルタの３分の１近くの地域が浸水し、５００人にも及ぶ犠牲者を出した。とくに、北部のドンタップ省などでは水が完全にひくのに４カ月もかかるといった状況になり、その氾濫区域はメコンデルタの地域のみならず、上流側のカンボジア南部にまで及ぶきわめて広大なものであった。この水害は９月の大潮と重なったため、メコン川上流からの洪水流が大潮の高潮位によってせき止められるかたちで最下流部一帯に氾濫し、水害の被害がより深刻なものとなった(写真１)。また、比較的水が早くひいた地域でも翌月の大潮の時期に再び水没したり、干満の影響を受けて水位の上昇が間歇的におこり、１日に２回ずつ浸水するというような現象もみられた。このような現象は、地盤高がきわめて低く、広い範囲で潮汐の影響を受ける大規

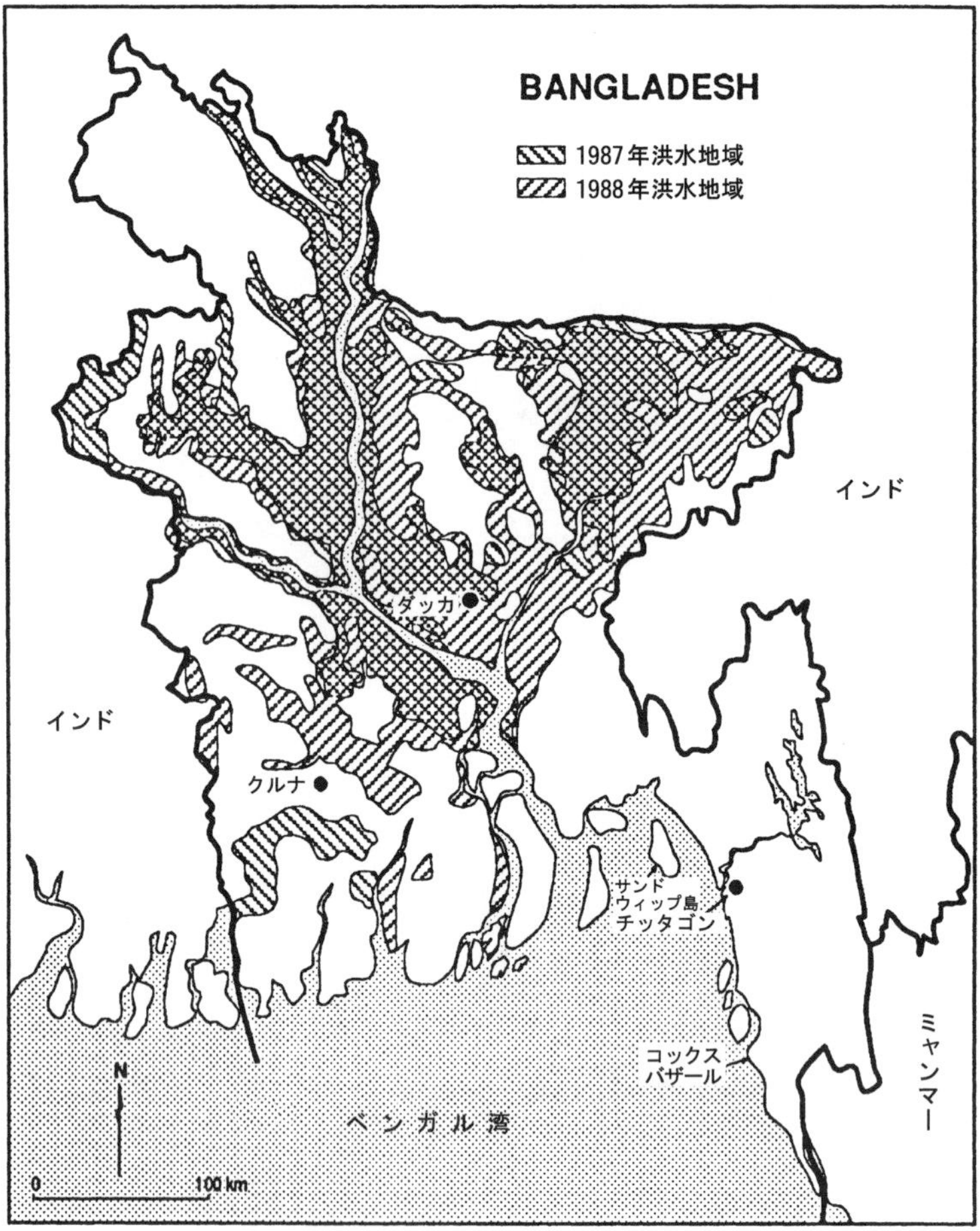

図2　バングラデシュにおける1987年および1988年水害の浸水域.
(Ericksen, 1996)(11)

模なデルタに特徴的な現象であり、デルタにおける水害が単に河川水の氾濫によるという単純なものではないことを示している。

一方、熱帯アジアのデルタを構成する堆積物は一般に細粒で、日本のデルタ地域におけるような砂質堆積物はほとんどみられない。これは、河川の規模が大きく、海岸部まで粗粒の砂や礫が運ばれてこないことに加え、熱帯域に卓越する化学的風化によって粘土・シルトなどの細粒物質が生産されやすいことが反映していると考えられる。そのため、デルタの地盤は軟弱なシルト・粘土からなり、河岸や海岸部ではかなり侵食されやすい。ただし、これらの堆積物は乾燥した地表面では固結した状態になるため、日常的には侵食に対する抵抗力が強いようにみえる。また、自然状態では海岸部や感潮域の河岸においてマングローブ林が生育することが多かったため、護岸を目的とする積極的な堤防建設はほとんど行われてこなかった。しかしながら、河川水や海水に直接接する部分や地下水によって飽和された部分ではこれらの堆積物はきわめて軟弱であり、侵食作用に対してはきわめて脆弱である。台風やサイクロンの襲来にともなう高潮や激しい波浪によって顕著な海岸侵食がおこることはしばしばであり、近年では河川を往来する船舶のつくり出す波による河岸侵食の問題さえも発生している（写真２）。

写真２　河岸侵食によって放棄されたメコンデルタ南西部カマウ市付近の民家（2000.12.5　海津撮影）

デルタの末端では洪水のたびに新たに泥土が堆積し、海面とほとんど高さが変わらない土地が形成されつつある。人口圧の強いバングラデシュでは、メグナ川（ガンジス・ブラマプトラ川）の河口部において形成されたこのような新しい土地にもすぐに人々が生活をはじめている。そのようなところでは水害に対する対策がほとんどとられておらず、また、海岸堤防も十分につくられていないため、大規模な水害やサイクロンにともなう高潮が発生すると、人々は逃げることもできずに流し去られてしまい、多数の犠牲者が出てしまう。

写真3　サイクロンによって破壊され、高潮にともなう海岸侵食によって海岸に位置することになったバングラデシュ南部サンドウィップ島の民家。（1991.5.26　海津撮影）

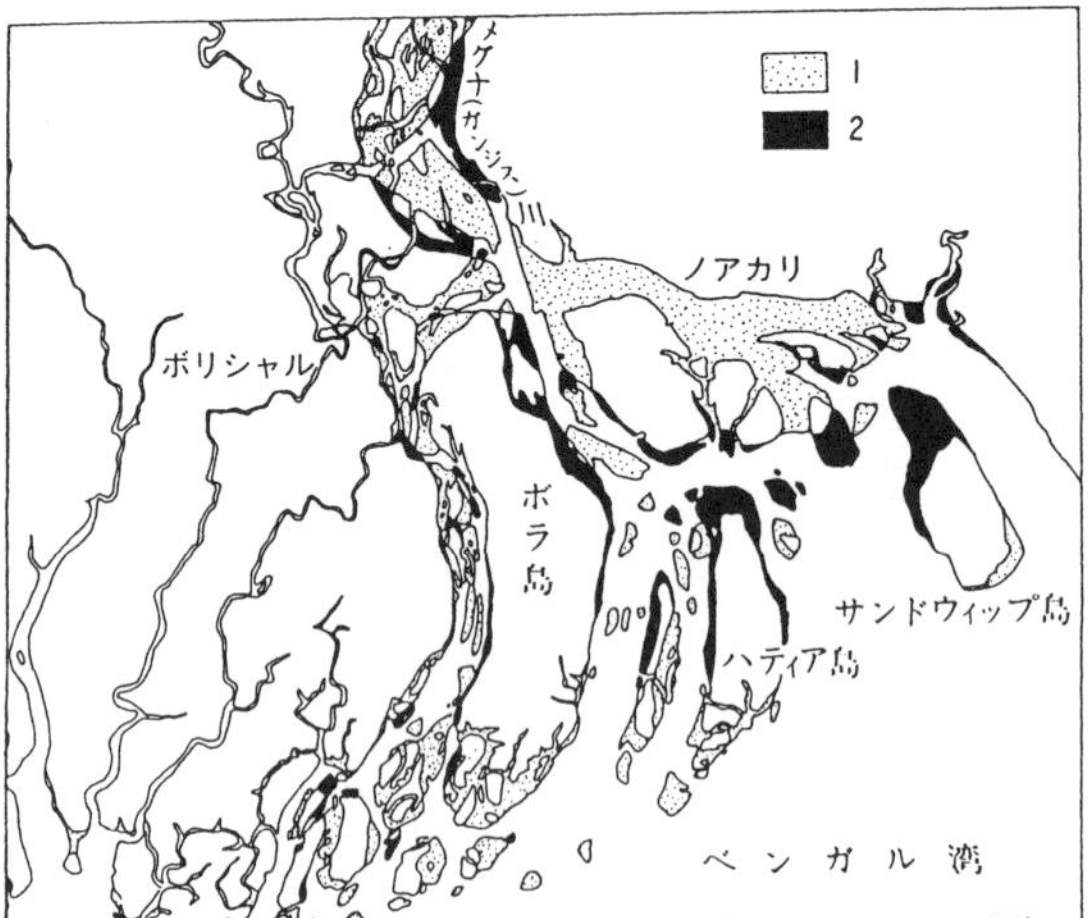

図3　1967～1976年におけるメグナ川（ガンジス川）河口付近の地形変化（海津、1991）[3]。1. 新たにつくられた土地、2. 消失した土地

１９９１年のサイクロン災害では、バングラデシュ第2の都市であるチッタゴン市の対岸に位置するサンドウィップ島の東海岸などにおいて、顕著な海岸侵食がおこり、土地とともに多数の家屋や人命が失われている[3]（写真３）。また、１９７０年11月にも高潮によって50万人もの死者・行方不明者を出している。この時期をはさむ１９６７〜１９７６年間のメグナ（ガンジス）川河口部における海岸線を比較してみると、幅数十kmにわたって陸化した大規模な水路や、海岸侵食によって形が変わってしまった島などをみることができ、このような地域における地形変化の規模がきわめて大きいことがわかる（図３）。

なお、ガンジスデルタ南部のシュンドルボンとよばれる地域やメコンデルタ南端部などではマングローブ林が発達していて顕著な海岸侵食はみられない。しかしながら、チャオプラヤデルタの沿岸では早い時期からマングローブ林が伐採され、エビや魚の養殖池につくり替えられてきたほか、メコンデルタでもマングローブ林の伐採が進行している。その結果、これらの地域には卓越する海の営力によって海岸侵食が進行しているところもあり、深刻な環境問題となっている。とくに、チャオプラヤデルタでは著しい海岸侵食が進行中で、チャオプラヤ川河口の西側の地域では１９６０年代以降すでに最大数百ｍもの海岸線の後退がみられる[4]（図４）。この海岸侵食は、チャオプラヤ川上流域におけるダムの建設にともなう土砂供給量の減少やバンコク付近における地盤沈下などが原因と考えられているが、抜本的な対策がとられないまま現在も侵食が続いている（写真４・５）。

写真４　高潮によって侵食されたサンドウィップ島の海岸。ひきちぎられたような海岸線と、建物がすべて流されてしまった集落跡を見ることができる。（1991.5.26　海津撮影）

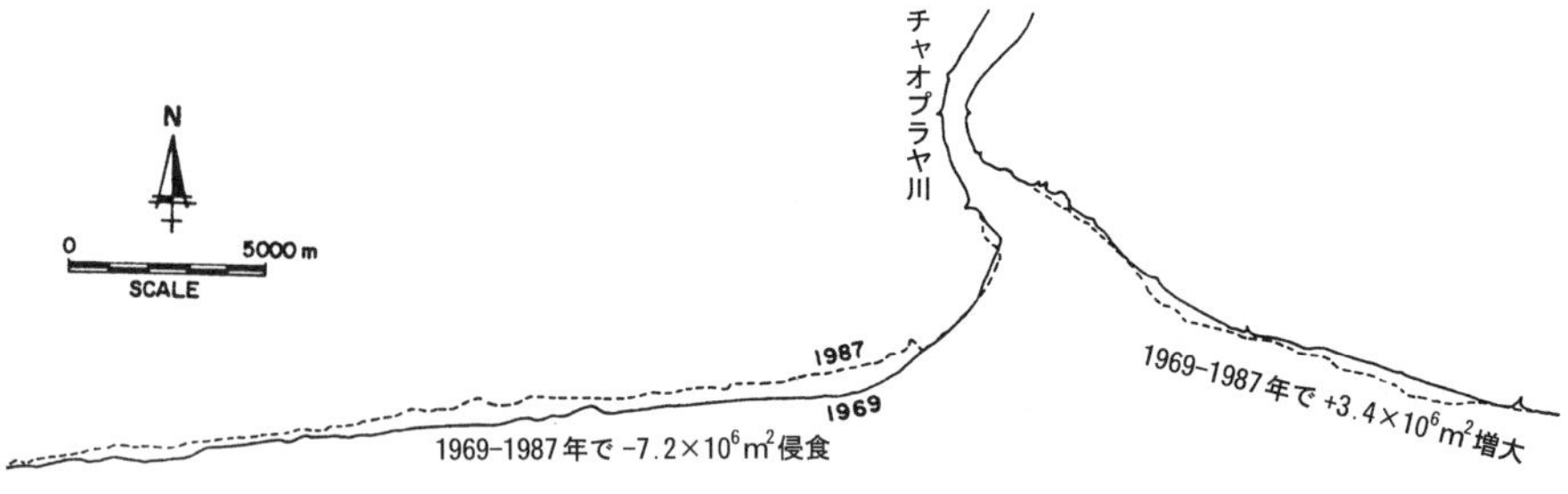

図４　チャオプラヤ川河口付近の海岸侵食（Vongvisessomjiai *et al.*, 1996）

写真５　チャオプラヤ川河口付近の海岸侵食（1997.12.13　海津撮影）

二　地球規模の環境変動とデルタの環境変化

　近年問題になっている大気中のCO_2の増加にともなう地球規模の環境変化は、温室効果にともなう気温の上昇や海面の上昇をひきおこすとされている。このような環境変化はさまざまな形でデルタ地域にも影響を及ぼす。ＩＰＣＣの第３次報告書では、温暖化にともなう環境変化について⑴社会・経済的影響、⑵土地利用および地表被覆にかかわる影響、⑶大気・水資源・海洋に対する影響、⑷気候変化、⑸海面上昇などの点から問題点を検討している。

　これらのうち熱帯域のデルタにおける最も直接的な影響は海面上昇であろう。ＩＰＣＣ第３次報告によると、西暦２１００年までの海面上昇量の見積りは、９～89㎝程度とされ、当初推定されていた値に比べてかなり低くなっている。しかしながら、この程度のわずかな値でも、臨海部の低湿地では多大な影響がひきおこされる。

　ガンジスデルタ南部やメコンデルタの南西部では地盤高がわずか１～２ｍ程度であり、メコンデルタの臨海部のように、土地の高さが満潮位とほぼ同じかせいぜい20～30㎝程度高いだけという土地も広く分布していて、50㎝程度の海面上昇でさえ土地自体の水没という危険性を意味している（写真６）。

写真６　満潮時に家の前が水没するメコンデルタ南東部の民家。（1999.12.6　海津撮影）

　また、デルタを流れる河川の勾配がさらに緩やかになることにより、通常の状態においても河川水の流れや排水不良地からの排水がさらに困難になり、また、感潮域の拡大にともなうさまざまな問題も増大することになる。すでに述べたメコンデルタのほか、ガンジスデルタでも海岸線から１５０km近くまでの範囲が海抜３m以下の土地で、北西部のシルヘト低地の中央部では、海岸線から２５０km離れているにもかかわらず海抜３m以下の土地が存在している。このような土地では、海水準の上昇にともなって低地を流れる各河川の河床勾配が緩やかになり、排水条件がさらに悪くなる。

　国土の大半がデルタに立地するバングラデシュでは現在でも雨季の増水時に国土の５分の２余りが水没するが、海水準が上昇すると水没地域・水没期間の増大が予想される。現在自然排水のみに頼っているこれらの地域では、海面の上昇の結果、乾季における排水も困難になると思われる。また、タイのチャオプラヤデルタでも北西部に広がる排水不良地域の拡大が予想され、排水路の整備がすでに行われているチャオプラヤ川左岸地域でも排水機能が充分に行われなければ同様に排水不良地が拡大する可能性が大きい。

　メコンデルタではきわめて広い範囲が干満の影響を受ける。乾期には、河口から直線距離で約３００kmに位置するカンボジアの首都プノンペンより上流にまで干満の影響が及ぶが、雨季においても、すでに述べたように洪水と満潮の時期とが重なった場合には、上流側からの洪水が排出されずに堤外地へと広がって氾濫がより著しいものとなる。このような現象は海面の上昇にともなってさらに助長されることが予想され、メコン川の自然堤防の存在のために排水条件が良くない北部のドンタップ省をはじめ、デルタの広い範囲にわたる排水対策が検討されなければならない。

一方、熱帯域ではサイクロンや台風の発生数や規模が増大することが指摘されている。(12) ガンジスデルタの地域では通常1年間に5～6程度のサイクロンが襲来するが、それらの多くは人的被害を引き起こし、とくに大規模な高潮をともなった１９７０年11月のサイクロンでは50万人、１９９１年4月のサイクロンでは14万人もの犠牲者を出している。このようなきわめて著しい被害は海岸堤防やサイクロンシェルターの建設などの充分なインフラの整備が進んでいなかったことや、サイクロンの襲来に対する情報伝達の不備などの要因も大きいが、最大風速が70ｍ／ｓを超えるというサイクロンの規模がきわめて大きいものであったことがまず第1にあげられ、海岸全域におよぶ堅固な海岸堤防の建設が充分に進んでいない状況において、サイクロンの襲来頻度や規模の増大はきわめて深刻な問題となる（写真7）。さらに、人口圧の高いバングラデシュでは、人々の居住域の拡大に対してインフラの整備が追いつかないといった問題も存在し、将来に向けての対策を早急に立てておく必要がある。

写真7　サイクロンによって破壊されたサンドウィップ島のベンガル湾に面する海岸堤防（1991.5.26　海津撮影）

三　地下水・河川水の変化と地盤沈下

海面上昇は地下水位の上昇をひきおこし、臨海部では地下水の塩水化や河川への塩水進入域の拡大をひきおこす。一般に、河川の最下流部では河道内に海水が河川水の下に楔状に侵入する現象がみられ、塩水遡上とよばれている。河川の流量が相対的に大きい場合や潮差が小さい場合には、表層部の淡水と下層部の塩水とがはっきりと分かれ、塩水楔が形成されるが、河川の流量が相対的に小さい場合や潮差が大きく鉛直方向の混合が活発な場合には、河道内の表層部までが塩水となる。また、地下水への塩水の侵入もおこり、農業用水などの利用にも影響が生じる。このような塩水の侵入した地域では河川水を潅漑用水として取水することが不可能となり、また、地下水も広く塩水化するため、農業用水の取水が困難になる。また、土壌の塩化がみられるところでは、雨水によって土壌中の塩分の洗脱を行う必要があり、作物の栽培は雨季に限られる。

　なかでも、メコンデルタでは乾季における河川流量の減少にともなって塩水が内陸部まで侵入し、広い範囲にわたって塩害が問題となっている。Nguyen et al.(2000)[5]によると、塩水遡上の問題はメコン川の流量が通常に比べて20％以上減少するときわめて深刻なものとなり、乾期、とくに3月・4月には塩水の進入する地域が拡大する。なかでも、メコンデルタ南西部のカマウ半島地域では標高が0.5～1.5ｍであるにもかかわらず、潮差が最大３～４ｍにも達することや、土地の起伏がほとんどないことなどのため、全域が塩水遡上の影響を受けている。さらに、近年、この地域においてエビの養殖が盛んになり、海水を養殖池に注入することが盛んに行われていて、地下水の塩水化が著しく進行している。

　なお、デルタ南西部のカマウ市の北側の地域では、小さな水路ごとに堰を設けて一定の区域に塩水が進入することを防止しており、淡水域では水路に隣接した土地でもココナツやバナナの栽培が行われている。また、堰を閉じたまま舟が往来することのできるよう各地の水門の脇にはカイコーとよばれる舟をリフトアップする設備がつくられていて興味深い。

　一方、ガンジス川の下流部でも塩水遡上域はかなり内陸に達している。電気伝導度計の測定によって5

写真８　メコンデルタ南西部のマングローブ域に作られた入植地（2000.12.5　海津撮影）

００マイクロモーの塩分が確認される地点は河口から２４０kmにも達し、６０００マイクロモーの値が観測される地点も河口から１７３kmの距離に及ぶ。[6] ガンジスデルタでは臨海部の感潮クリークの顕著に発達する地域は大部分が自然保護地域として未開拓のまま残されている。そのため、現在、農地において塩害のみられる地域はガンジス川河口付近や河口州の島々中心とする地域となっている。これらの地域では乾期における土壌の塩化が大きな問題となっていて、85万haもの土地が土壌の塩化の影響を受けている。[7] 雨季には土壌中の塩分が洗脱されるため、作物の栽培が可能であるが、本来浅い海底に土砂が堆積して形成された所であるため土壌中の塩分が高く、乾季になると土壌中の水分が減少して塩分濃度が高くなって作物の栽培に深刻な影響を及ぼす。また、しばしば襲来するサイクロンによって高潮が発生した場合には、海水におおわれるため、しばらくの間作物の栽培が困難になる。

　このような状態のみられる河口付近や、マングローブ林に隣接する地域、すでにマングローブ林を伐採して農地にした地域などでは（写真8）、海面の上昇が起こると感潮域は内陸側に拡大し、河道への塩水の侵入、地下水の塩水化が進行し、きわめて大きな影響がひきおこされる[8]（図5）。なお、厳密な水質を要求される工業用水の取水に関しては乾期の地下水の塩水化はすでに深刻なものとなっていて、ガンジスデルタ南部のクルナ市の印刷工場のように、乾期に淡水を輸入しているところもある。[6]

　また、海面上昇の影響を助長する現象として、地盤沈下をあげることができる。すでに述べたように、デルタの中には満潮位よりも低い土地が分布すること

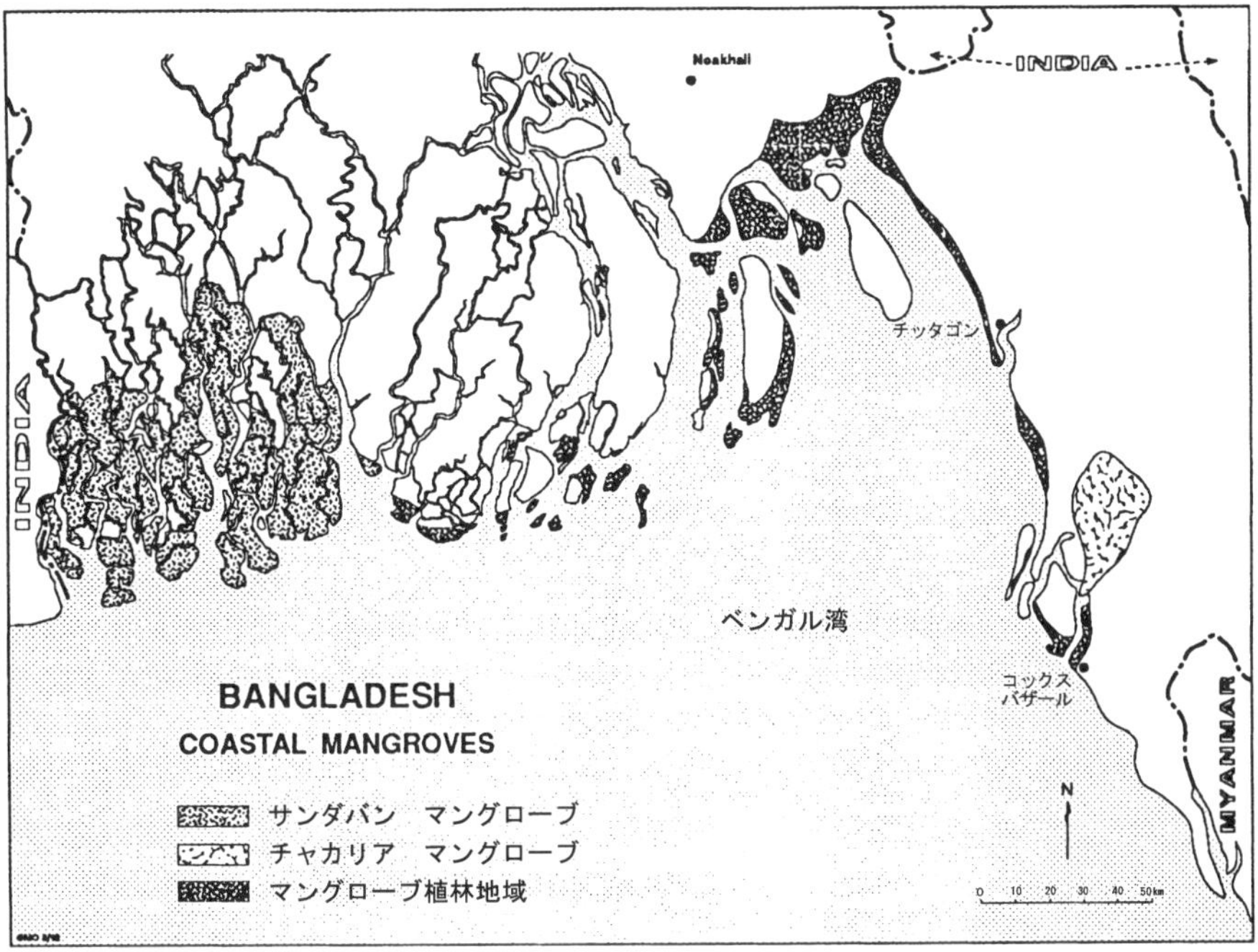

図5　ガンジスデルタ臨海部におけるマングローブの分布（Kaushe, *et al.*, 1996）

があるが、それらの中には過剰な地下水の揚水にともなう地盤沈下によってひきおこされた場所も多い。

　タイのチャオプラヤデルタ南部に位置するバンコクやその周辺地域でも人為的な地盤沈下が急速に進行したため、深刻な問題が発生している。Prinia et al. (1996) によると(9)、この地域における地盤沈下はすでに1978年の時点でかなり進行しており、1933年に設置された18の基準点のうち、1978年にその所在が確認された11の基準点のすべてにおいてすでに20~85cmの沈下があったとされている。その後も地盤沈下は進行し、1988年には総沈下量が160cmを超える地点も出現している。この地域における地盤沈下は主として深井戸からの取水によるとされ、1万2000本を越える深井戸からの1日130万トンを超える莫大な取水にともなって地盤沈下が深刻になった（写真9）。この間、1978年から1981年における年間沈下量はバンコク郊外で10cm以上、バンコク市内で５～10㎝に及んでいたが、１９８３年から１９８５年にかけて始まった規制によって、その値はバンコク東部で２～３㎝／年、バンコク中心部で１～２㎝／年に減少している。[10]

地盤沈下の影響を受けた地域は１９６０年から１９８８年までの間に４５０㎢以上におよぶとともに、地盤沈下の中心は市内東部から北部へと移り、最近は北西部から西部へと拡大して、バンコク東部では０m以下の土地が出現している。その結果、最近では水害の頻度が高くなり、被害地域も拡大の傾向をみせているが、とくにバンコク東部では顕著な地盤沈下によって周囲に比べて地盤高の低い２００㎢を超える面積をもつ凹地が形成されていて、洪水時の湛水が深刻化している。このように地盤沈下は海面上昇にともなうさまざまな問題に相乗効果をひきおこすことになり、地盤沈下それ自体の防止のみならず、すでに沈下してしまった土地に対しても早急に対策を立てねばならない問題である。

写真９　バンコク郊外ニュータウンの地盤沈下（1999.3.7　海津撮影）

四　海面上昇への対応

地球規模の環境変動においては、海面上昇のみならず、さまざまな自然環境の変化がみられるとされている。なかでも、大気条件の変化は、それにともなう降水や河川流量の変化、台風やサイクロン、あるいは集中豪雨などの発生などにも影響を及ぼすとされ、臨海地域への影響も大きい。それらの具体的な変化については多くの研究によって今後詳しく検討されていくと思われるが、とくにデルタとの関係で考えると、台風やサイクロンの活発化はそれらによってひきおこされる高潮の影響を増大させるし、河川流量の増大は洪水の頻度や強度を増加させると考えられる。そして、このような現象もデルタ地域では海面上昇の影響と密接に関係しており、多大な影響を及ぼす。

デルタはさまざまな環境変化に対してきわめて脆弱な土地であり、わずかな環境変化が顕著な影響をひきおこす地域である。すでに述べてきたように、地球規模の環境変動によってひきおこされるさまざまな問題、なかでも海面上昇の問題はデルタ地域にさまざまな影響を及ぼすことが予想される。しかしながら、実際の地域への影響には顕著な地域差も予想される。

日本の場合、デルタ地域の地形環境は規模こそ小さいものの低平で排水不良という他のアジアのデルタと同様の性格をもっている。また、東京低地や濃尾平野などには地盤高が０ｍ以下になっている地域があり、中にはマイナス２ｍに及ぶ場所もある。このようなところではすでに０ｍの土地に対して海面が２ｍも上昇した状態を示していると考えられ、かなり深刻な事態となっているはずである。実際、濃尾平野では１９５９年９月に伊勢湾台風によって高潮災害がおこり、５０００名に及ぶ犠牲者を出し、臨海域の安全性が大きな問題となった。しかしながら、その後、海岸線には堅固な海岸堤防が建設され、排水機場の機能も増強されて、伊勢湾台風クラスの高潮に対しては十分対応できるインフラが完備し、安定した生産活動を継続できる基盤が整備されている。同様に、東京湾岸や大阪湾岸などにおいても臨海部の整備が進み、臨海副都心をはじめとする経済活動の新たな拠点がつくられつつあり、海面上昇の影響が大きな問題とならないような地域に生まれかわっている。

このようなインフラ整備の進んだ地域に対して、ガンジスデルタやメコンデルタではすでに述べたように基本的には伝統的な人々の生活が継続しているところが多く、災害に対して無防備な状態もそのまま存続している。さらに、かつては広大な森林をなしていたマングローブ林が、エビの養殖地をつくるために伐採されるなど自然のシステムを破壊する活動も行われ、社会的基盤の整備が進行するのとは逆の海面上昇に対しての危険性が助長されつつある。また、チャオプラヤデルタのようにすでに顕著な海岸侵食が進行しているにもかかわらず、目下の所その対策は海岸に住む住民達それぞれにまかされており、個人的に護岸を整備したり、堤防を築いたりして対応しているに過ぎない所もある（写真10）。また、メコンデルタ南部のように土地の高さが高潮位よりわずかに高いだけで、洪水や高潮の際には頻繁に水没するにもかかわらず、護岸や堤防の建設がほとんど手つかずといったすでに危機的な状態になっている地域もみられる（写真11）。

このように国や地域による社会・経済的なちがいは、同じような土地条件をもつ地域においても経済活動やインフラ整備のちがいをひきおこしていて、同一のインパクトを受けた場合でもその影響が異なったものになることを予想させる。したがって、海面上昇の影響や海面上昇に対する対応を検討するにあたっては、このようなさまざまな特質をもつ地域に対して画一的な議論をすることは無意味であり、それぞれ

写真 10　チャオプラヤデルタの海岸侵食を防ぐために住民がつくった堤防（1997.12.13　海津撮影）

写真 11　水路の水面とほぼ同じ高さの土地に建てられているメコンデルタの家屋（1999.12.6　海津撮影）

の地域の特性を十分に理解した検討を行うことがきわめて重要であると考える。また、そのためには、まず基本的な地域の特性、とくに土地条件をきちんと把握し、その上に現在の土地利用やインフラの整備状況を重ね合わせて問題点を明確化し、さらに地域別あるいは国別の社会・経済的バックグラウンドを重ね合わせるような形で影響評価や対応策を検討することが必要であると考える。

文献

（1） Brammer, H. (1990) Floods in Bangladesh I. Geographical background to the 1987 and 1988 floods. *The Geographical Journal*, 156 (1), 12-22.

（2） 海津正倫（1989）バングラデシュの自然環境と水害　地理　34巻3号　56—63頁

（3） 海津正倫（1991）バングラデシュのサイクロン災害　地理　36巻8号　71—78頁

（4） Vongvisessomjiai, S., Polsi, R., Manotham, C., Srisaengthong, D. and Charulukkana, S. (1996) Coastal erosion in the Gulf of Thailand. In Milliman, J. D. and Haq, B. U. eds. *Sea-level Rise and Coastal Subsidence*, Kluwer Academic Publishers, 131-150.

（5） Nguyen, V. L, TA, T.K.O. and Tateishi, M. (2000) Coastal variation and salt water intrusion on the coastal lowlands of the Mekong River delta, southern Vietnam. *Proceedings of the Comprehensive Assessments on Impacts of Sea-level rise*, Dept. of Mineral Resources, Bangkok, Thailand, 184-190.

（6） Alam, M. (1996) Subsidence of the Ganges-Brahmaputra delta of Bangladesh and Associated drainage, Sedimentation and salinity problems. In Milliman, J. D. and Haq, B. U. eds. *Sea-level Rise and Coastal Subsidence*, Kluwer Academic Publishers, 169-192.

（7） Karim, Z. S. G. Hussain and M. Ahmed (1990) *Salinity problems and crop intensification in the coastal region of Bangladesh*, Soil and Irrigation Division, Bangladesh Agriculture Research Council.

（8） Kausher, A., Kay, R. C., Asaduzzaman, M. and Paul, S. (1996) Climate change and sea-level rise: The case of the coast. In Warrick, R. A. and Ahmad, Q. K. eds. *The Implications of Climate and Sea-level Change for Bangladesh*, Kluwer Academic Publishers, 335-405.

（9） Prinya, N., Young, R. N., Thongchai, C. and Somkid, B. (1996) Land Subsidence in Bangkok during 1978-1988. In Milliman, J. D. and Haq, B. U. eds. *Sea-level Rise and Coastal Subsidence*, Kluwer Academic Publishers, 105-130.

（10） Ramnarong, V. and Buapeng, S. (1992) Groundwater resources of Bangkok and its vicinity impact and management. In: *Proc. On Geological Resources of Thailand: Potential for Future Development*, Bangkok, Thailand, 172-184.

（11） Ericksen, N. J., Ahmad, Q. K. and Chowdhury, A. R. (1996) Socio-economic implications of climate change for Bangladesh. In Warrick, R. A. and Ahmad, Q. K. eds. *The Implications of Climate and Sea-level Change for Bangladesh*, Kluwer Academic Publishers, 205-287.

（12） 藤城透・磯部雅彦・横木裕宗・渡辺晃（１９９６）タイ湾における高潮被害の将来予測　東京大学工学部総合試験所年報　55号　55―60頁

3

マングローブ生態系への海面上昇の影響

藤本　潔

一　マングローブ生態系の重要性

マングローブとは熱帯・亜熱帯の海岸線、特に潮間帯上部（中等潮位から最高高潮位の間）に生育する樹木の総称である。現在、地球上には１８００万ha程のマングローブ林が存在すると見積もられているが[1]、これは、近年のエビ養殖池の造成に象徴される乱開発で急速にその面積が減少してきた結果であり、本来はさらに広大なマングローブ林が熱帯・亜熱帯の海岸線を縁取っていたものと考えられる。

マングローブ生態系は、そこで生活する人々に、燃料、建材、飼料、薬、食料、飲物など、生活に欠かせない様々な恵みを提供してきた。また、潮間帯という特殊な立地条件に成立することから、波浪や高潮から海岸線を守る海岸防備林として、また水産資源の涵養の場としてなど、陸上の森林生態系とは異なる特有の機能も有している。さらに近年では、マングローブ泥炭層に代表される地下部の厚い有機物層の存在が明らかとなり[2~4]、地上部のみならず、地下部も含めたマングローブ生態系全体がもつ炭素蓄積機能の重要性が注目されるようになってきた[5~9]。

マングローブ林は潮間帯上部というきわめて限られた潮位環境下にのみ成立することから、ごくわずかな海面上昇でさえ、その生態系に深刻な影響をもたらすと考えられる。また、前述のように地域環境のみならず、地球環境においてもきわめて重要な役割を担う生態系であるがために、将来におけるその存否は地球上のあらゆる人々にとって重要な問題なのである。本章では、主として地形学的研究で明らかにされた、アジア・太平洋地域における過去の海水準変動にともなうマングローブ林の立地変動にもとづき、将来に予想される海面上昇の影響について検討する。

二　過去の海水準変動に対するマングローブ立地の応答

太平洋島嶼地域

ミクロネシア連邦のコスラエ島やポンペイ島には、今や東南アジアではほとんど見ることができなくなった、樹高30～40ｍにも達する良好なマングローブ天然林が残されている（口絵1）。その大部分はサンゴ礁の礁原上に発達したもので（口絵2）、地下にはマイナス２ｍ前後を基底とする層厚２～３ｍのマングローブ泥炭層が堆積する。

　マングローブ泥炭とは、主としてマングローブの根が枯死した後にも分解されずに蓄積されたもので、*Rhizophora* 属（ヤエヤマヒルギ属：たこ足状の複雑な支柱根を有するもの）が優占する林分のみで形成される[10]。*Rhizophora* 属の優占林分は、中等潮位よりやや高い位置から平均高潮位付近までしか成立せず[10]、しかもマングローブの根系は表層から30㎝までの深さにその80％以上が集中することから[11・12]、マングローブ泥炭の存在する高度と堆積年代を明らかにすれば、過去の海水準をほぼ正確に復元することができる。

　マングローブ泥炭層最下部からは、いずれの場所でもおおむね２０００年前前後の^{14}C年代値が得られる（図１）。これは、約２０００年前の海水準が現在よりも２ｍほど低かったことを物語る。その後の年１～

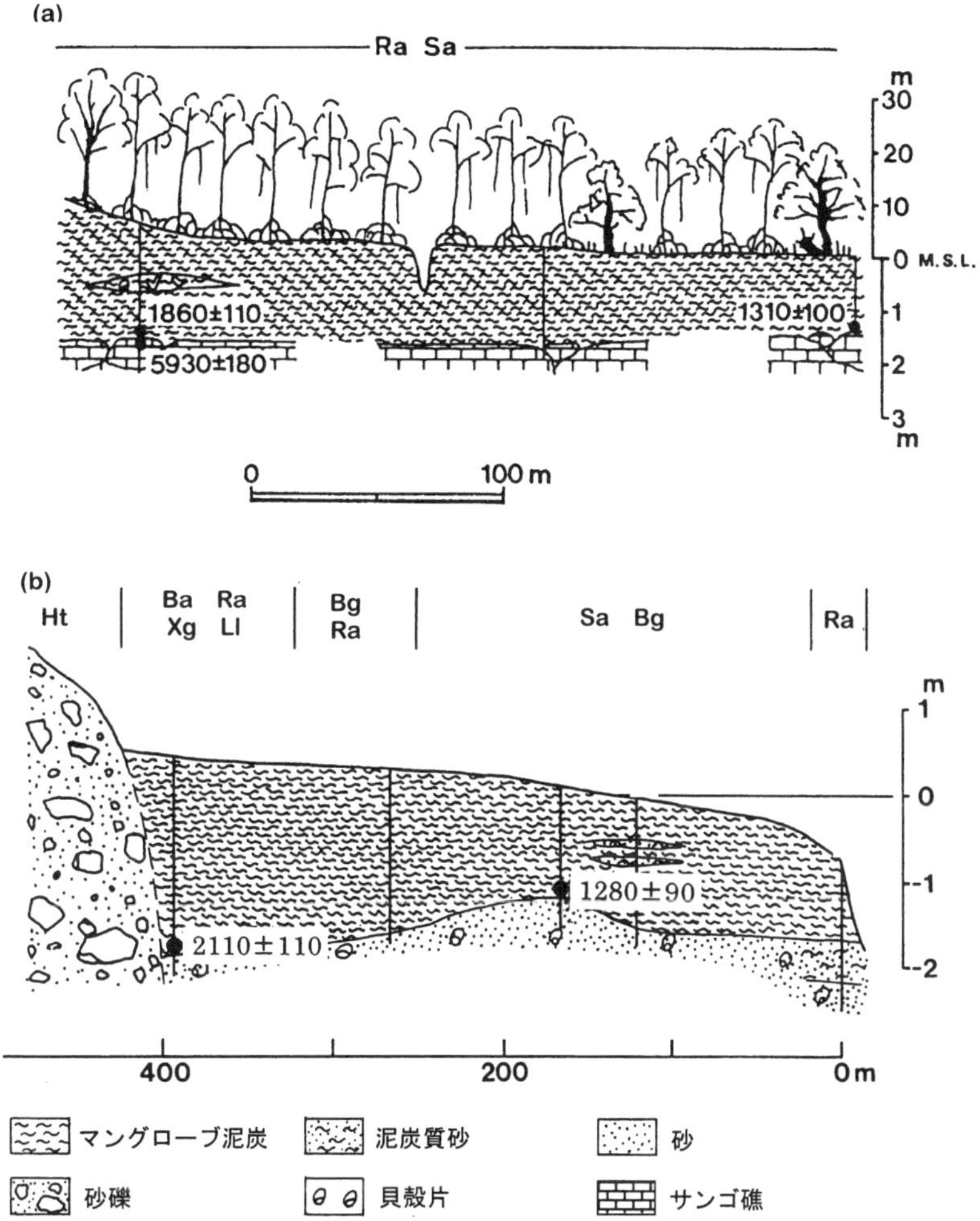

図1　ミクロネシアのサンゴ礁型マングローブ林の地形・地質・植生断面.
(a) ポンペイ島(2), (b)コスラエ島(4). Bg : *Bruguiera gymnorrhiza*, Ht : *Hibiscus tiliaceus*, Ll : *Lumnitzera littorea*, Ra : *Rhizophora apiculata*, Sa : *Sonneratia alba*, Xg : *Xylocarpus granatum*.

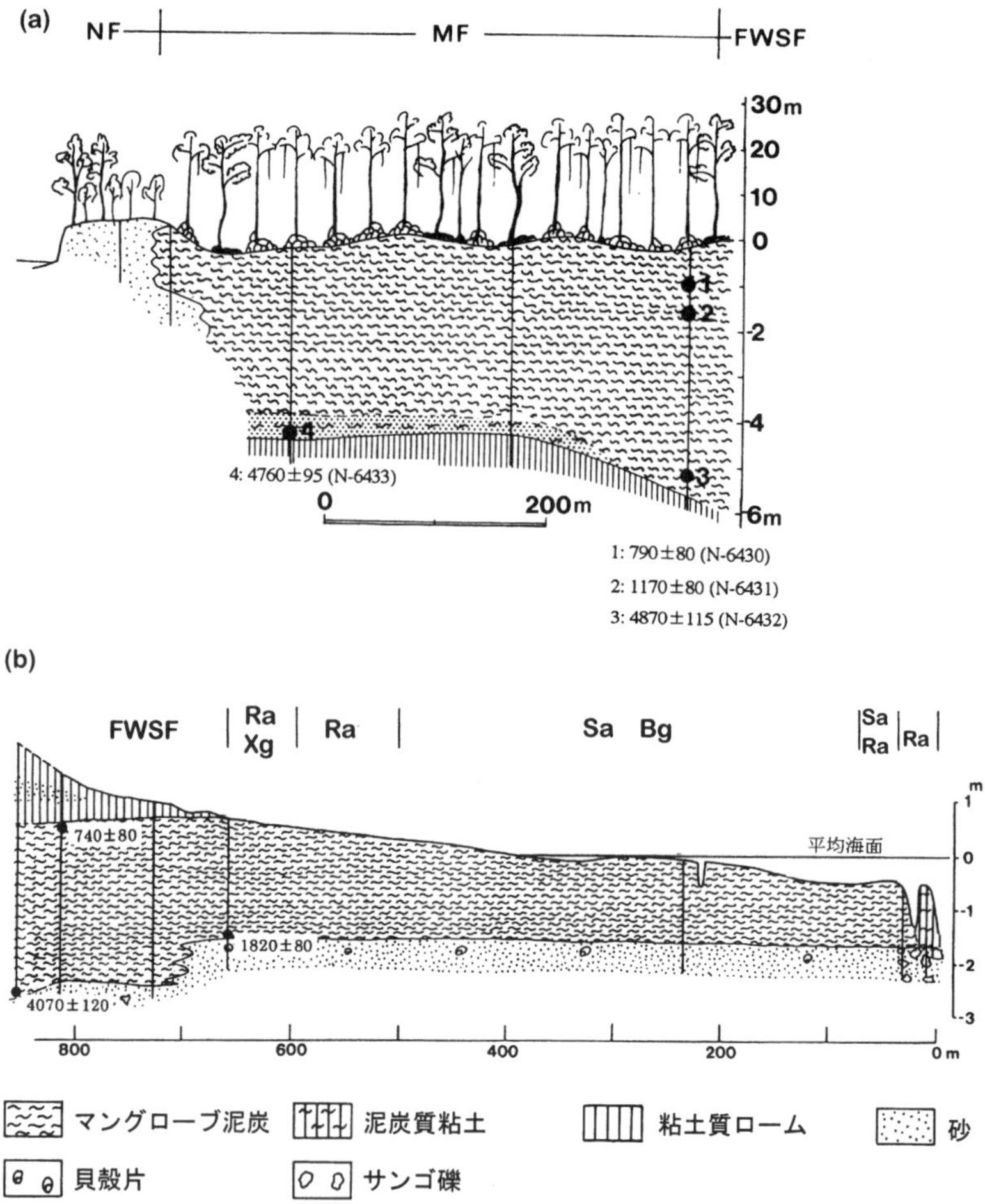

図2　ミクロネシアのデルタ・エスチュアリ型マングローブ林の地形・地質・植生断面. (a) ポンペイ島[16], (b) コスラエ島[4]. NF：自然堤防林, MF：マングローブ林, FWSF：淡水湿地林, Bg : *Bruguiera gymnorrhiza*, Ra : *Rhizophora apiculata*, Sa : *Sonneratia alba*, Xg: *Xylocarpus granatum.*

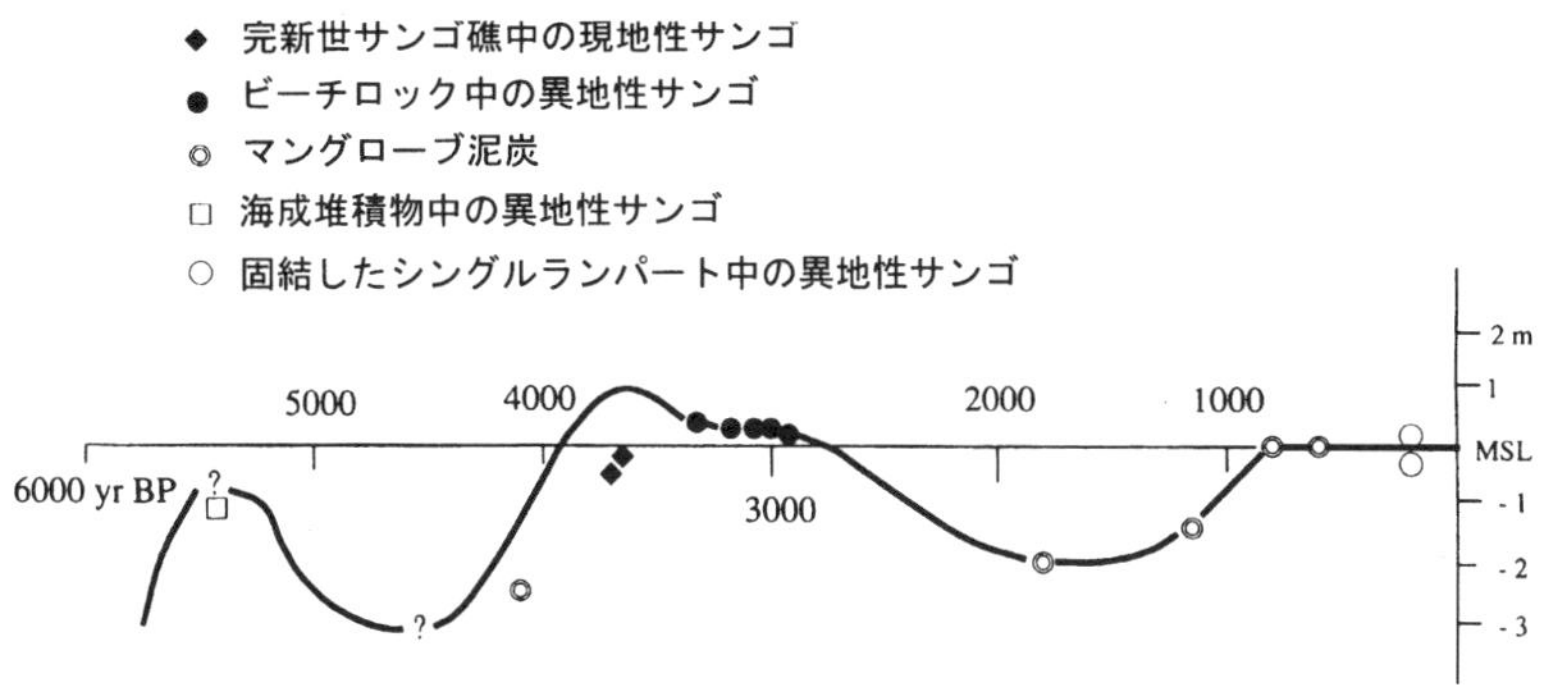

図３　ミクロネシア連邦コスラエ島における完新世後期の相対的海水準変動[14].

２mm程の速さで進行した海面上昇に対しては、マングローブ林自身が海面上昇速度に拮抗する速さでマングローブ泥炭を生産・堆積させ、自ら地盤高を高めることによって水没からまぬがれ、その立地を維持してきたことがわかる。この海面上昇期のマングローブ泥炭堆積速度は、海面安定期のそれよりも明らかに早かったこともわかってきた[13]。図１(a)の５９００年前を示す^{14}C年代値は、泥炭層直下のサンゴ礫から得られたものである。

　面積的にはそれほど広くはないが、コスラエ島やポンペイ島の河口部に成立したマングローブ林の地下部には層厚４〜５ｍにも達するマングローブ泥炭層が存在し、その下部からは５０００〜４０００年前の^{14}C年代値が得られる（図２）。通常、河口部では土砂の流入量が多く、マングローブ立地内にも粘土やロームが堆積する場合が多いが、集水域の森林が保全された小規模島嶼の場合にはマングローブ域への土砂流入量は少なく、サンゴ礁上の立地同様、マングローブ泥炭の蓄積によってその立地が形成・維持されてきたことがわかる。

　コスラエ島は裾礁タイプのサンゴ礁によって取り囲まれているが、その海抜高度と^{14}C年代値から、完新世の最高海水準は３７００年前頃で、当時の海水準は少なくとも現在より０・６５ｍほど高かったことも明らかにされた[14]。

　図３はこれらの地形学的証拠から復元されたコスラエ島における相対的海水準変動曲線、図４はそれにともなう小規模デルタ上におけるマングローブ立地の形成過程を模式的に示したものである。コスラエ島のマングローブ林は、約

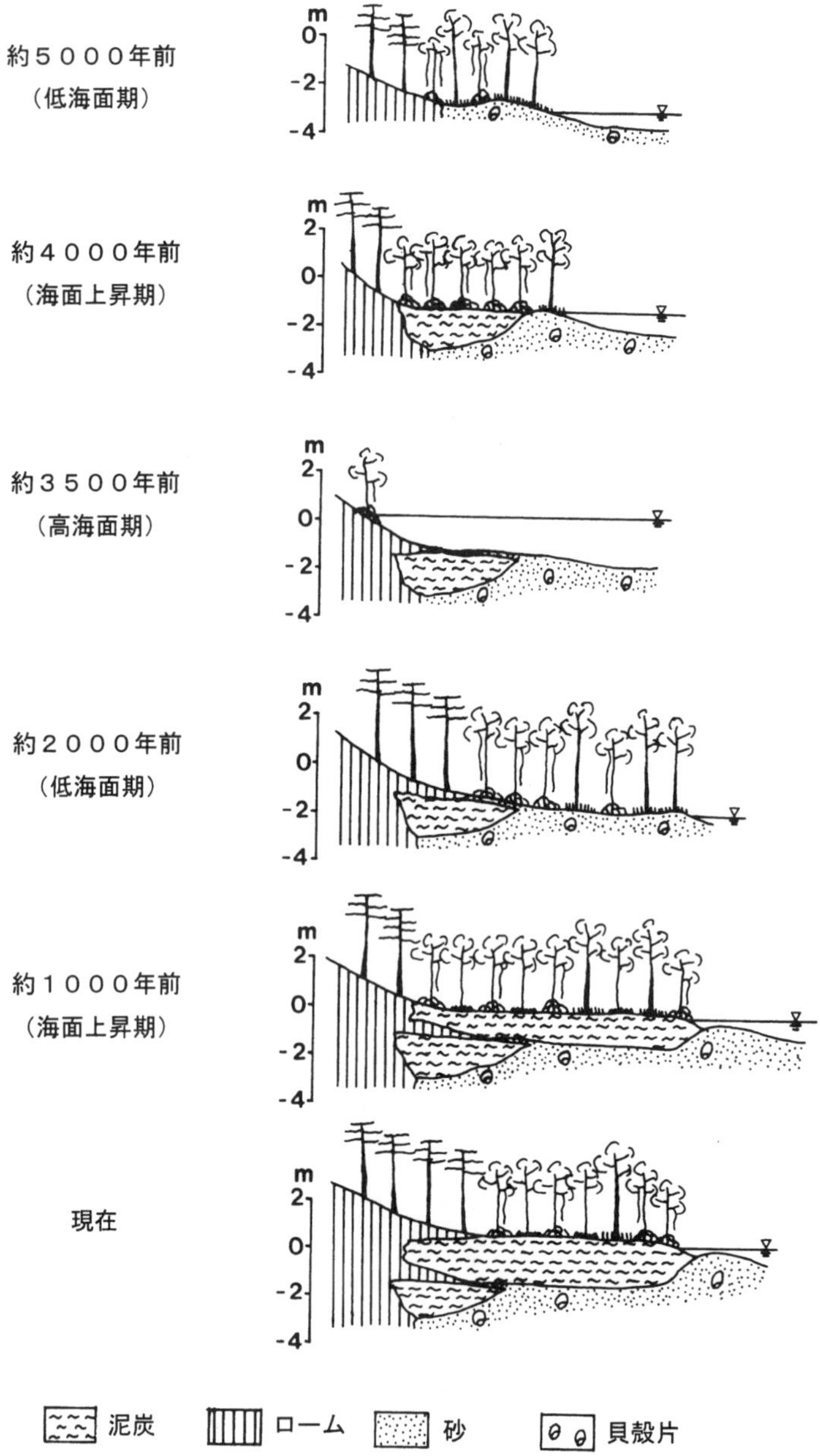

図4　コスラエ島におけるデルタ・エスチュアリ型マングローブ林の海水準変動にともなう立地変動(4).

5000～3700年前の海水準上昇期のうち、初期の緩慢な上昇期にはマングローブ泥炭を蓄積することによってその立地を維持できたものの、その後の急速な上昇時には立地を維持できずに内陸側へ後退した。3500～2000年前の海面低下期にはそれまでの浅海底面や礁原上が潮間帯環境へと変化するに従って海側へ徐々に拡大し、2000年前頃には現在のマングローブ林の海側林縁部とほぼ一致するあたりまで到達した。その後の緩慢な海面上昇期には前述のようにマングローブ泥炭を蓄積することによって、海側林縁部を後退させることなく現在に至ったのである[4]。

フィリピンのルソン島やボホール島でも、ミクロネシアの島々とほぼ同様な堆積深度と堆積年代を示すマングローブ泥炭層の存在が明らかとなっており[15・16]、これらの地域でも同様な海水準変動傾向の下で同様にマングローブ林の立地形成が進行してきたものと考えられる。

タイ国南西地域

タイ国南部、マレー半島西岸地域では、マングローブ林は比較的小規模なデルタ上に広がる。しかし、この地域では古くからマングローブ材を利用した製炭業が盛んに営まれてきたため、ポンペイ島やコスラエ島で見られるような良好な天然林は見られず、劣化した藪状の二次林が一面を覆っているにすぎない。ただ、幸いにして、マレー半島西岸域にはタイランド湾沿岸域で進行したエビ養殖池の造成にともなう大規模乱開発が及ぶのが遅れたために、マングローブ林の喪失だけからはかろうじて免れることができた[17]。

この地域のマングローブ立地は河川の主流沿いでは粘土質堆積物からなることが多く、そのような場所では *Bruguiera* 属[10]（オヒルギ属）や *Xylocarpus* 属（ホウガンヒルギ属）、あるいは *Ceriops* 属（コヒルギ属）が優占しているが、主流から離れた場所では *Rhizophora apiculata*（フタバナヒルギ）が優占しており、マ

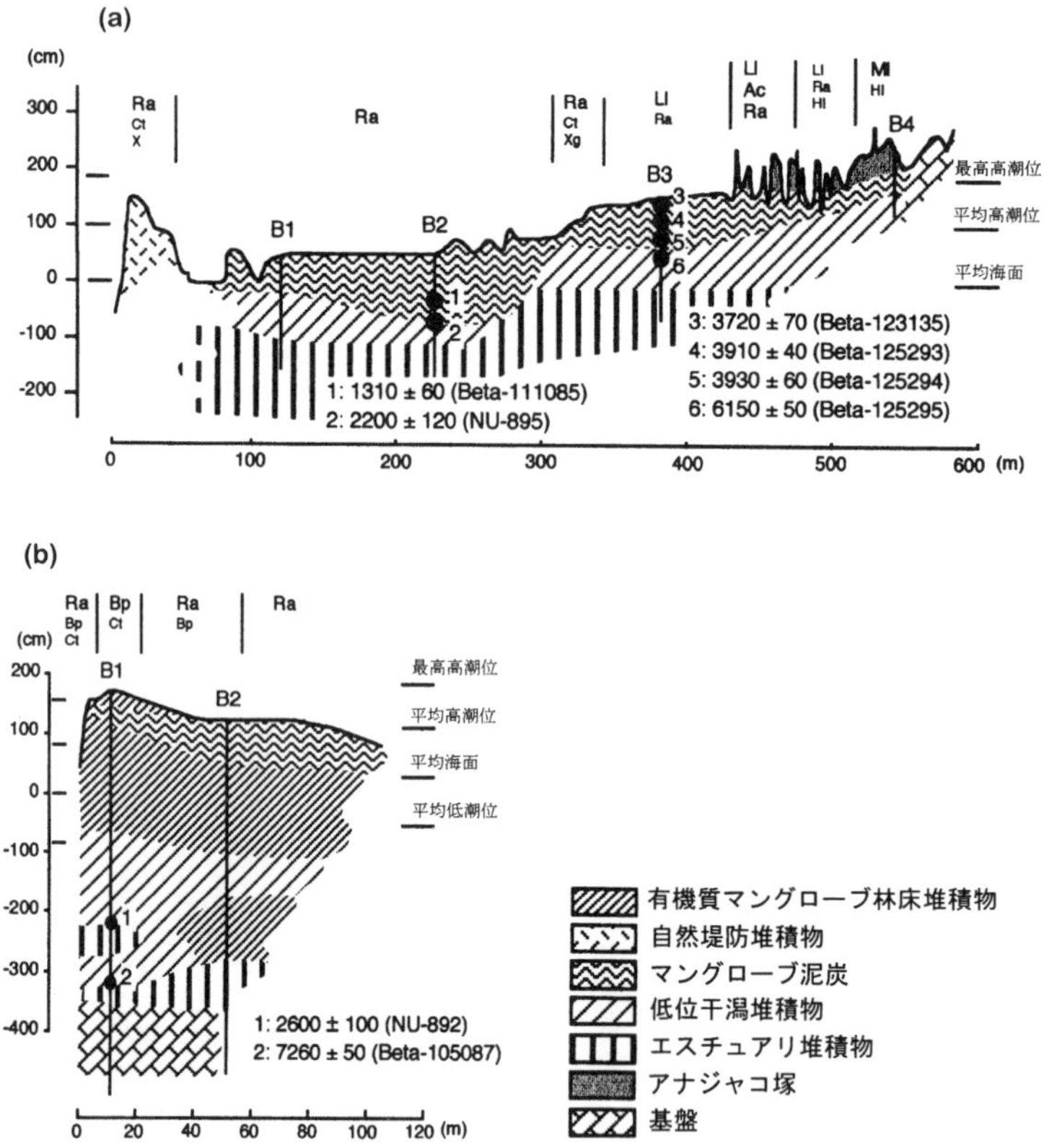

図5　タイ南西部のマングローブ林における地形・堆積物・植生断面(17).
Ac: *Aegiceras corniculata*, Bg: *Bruguiera gymnorrhiza*, Bp: *Bruguiera parviflora*, Ct: *Ceriops tagal*, Hl: *Heritiera littoralis*, Ll: *Lumnitzera littorea*, Ml: *Melaleuca leucadendra*, Ra: *Rhizophora apiculata*, X: *Xylocarpus* sp., Xg: *Xylocarpus granatum*.

ングローブ泥炭層が堆積している。この泥炭層からは太平洋島嶼地域とほぼ同様に2200年前以降の^{14}C年代値しか得られないものの、層厚は1m前後と太平洋島嶼地域のそれより明らかに薄く、その基底高度はマイナス1mより高い（図5ⓐ）。

*R.apiculata*林背後の*Lumnitzera littorea*（アカバナヒルギモドキ）が優占する立地にはマングローブ泥炭が堆積するものの、その表層付近は硬く固結しており、堆積面高度は*R. apiculata*の立地より一段高く、海抜1mをやや上回る（平均高潮位から最高高潮位の間）（図5ⓐ）。泥炭層の基底高度は現在の海水準よりやや高い。この泥炭層からは3

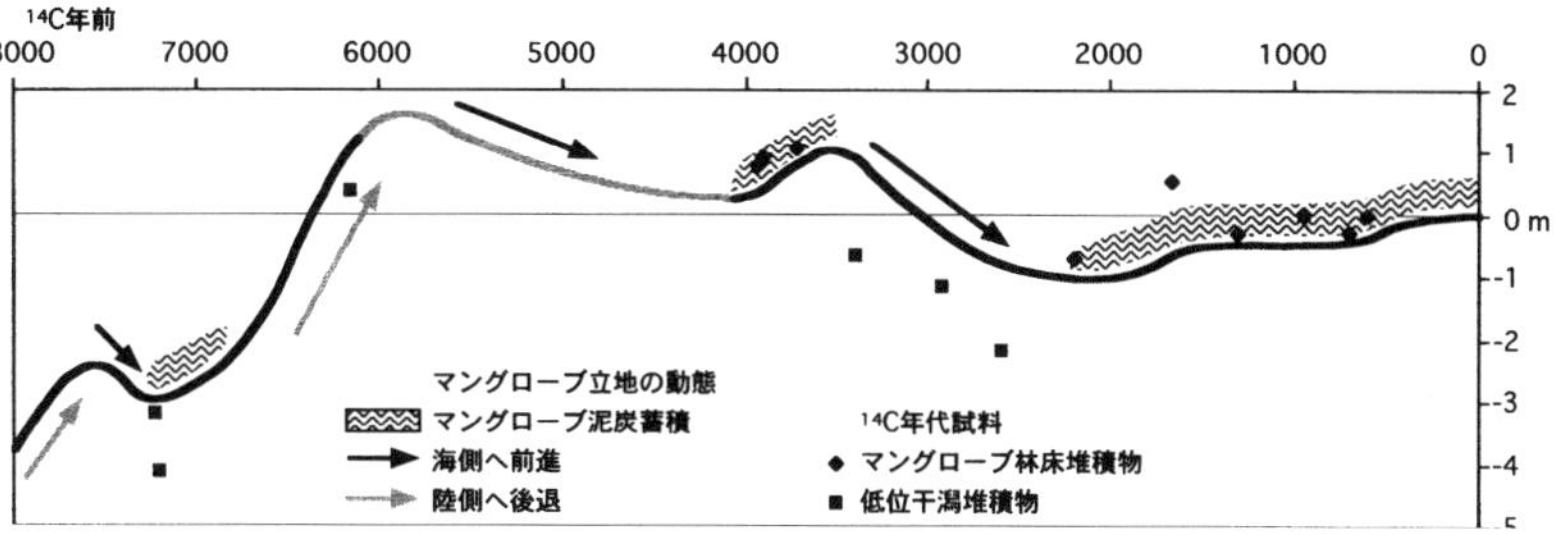

図６　タイ南西部における完新世相対的海水準変動とマングローブ林の立地変動[17].

９００～３７００年前という^{14}C年代値が得られた一方で、その直下の低位干潟堆積物からは約６１００年前と泥炭層の年代値とはかなり隔たった値が得られた。一方、この地域には海抜１・７ｍと１ｍ付近に後退点をもつ２段の海成ノッチが見られるとともに[18]、離水サンゴの高度と^{14}C年代値から６０００年前頃の海水準は少なくとも１ｍ以上にあったことが報告されている[19]。

これらの地形学的証拠から、海水準は６０００年前頃に１ｍをやや上回る高さにまで上昇した後若干低下し、３７００年前頃には再びプラス１ｍ程度にまで上昇したと考えられる。３９００～３７００年前および２２００年前以降の堆積年代を示すマングローブ泥炭層の存在は、これらの時期における年１㎜程の緩慢な海面上昇に対して、太平洋島嶼地域のマングローブ林同様にマングローブ泥炭を生産・蓄積することによってその立地を維持してきたことを物語っている。

さらにマイナス３ｍ付近には、海面の上昇過程にあった７２００年前頃にわずかな海面低下がおこり、その後の海面上昇期初期に若干のマングローブ有機物層が形成された堆積学的証拠が見出されている（図５(b)）。

以上の海水準変動とそれにともなうマングローブ立地の動態は、図６のようにまとめられる[17]。ここで得られた海水準変動曲線は、微変動の時期に関してはコスラエ島で得られたものとほぼ一致しているものの、全体的にコスラエ島で得られた曲線よりも高い傾向にある。この相違は、両地域おける[注1]ハイドロアイソスタシー（海水性地殻均衡）の影響の相違によるものと考えられる。

表１　マングローブ林の立地型と海面上昇に伴う変化予測[15]

マングローブ林の立地型			予想される変化
タイプ１ デルタ・エスチュアリ型	ＲＰ＞ＳＬ ＲＰ＝ＳＬ ＲＰ＜ＳＬ		前進 停滞 後退
タイプ２ 後背湿地・ラグーン型	ＢＢ≧ＳＬ	Ｐ≧ＳＬ Ｐ＜ＳＬ	拡大 縮小〜消滅
	ＢＢ＜ＳＬ	Ｐ≧ＳＬ Ｐ＜ＳＬ	内陸側へ後退 縮小〜消滅
タイプ３ サンゴ礁・干潟型	背後が急崖	Ｐ≧ＳＬ Ｐ＜ＳＬ	維持 消滅
	背後が低地	Ｐ≧ＳＬ Ｐ＜ＳＬ	内陸側へ拡大 縮小〜消滅

ＲＰ：堆積速度（河川による埋積速度＋マングローブ泥炭堆積速度）　ＳＬ：海面上昇速度　ＢＢ：砂州・浜堤の上方成長速度　Ｐ：マングローブ泥炭堆積速度

三　海面上昇の影響予測

海面上昇に対してマングローブ林が生き残ることができるか否かは、そこでの潜在的な堆積可能速度と海面上昇速度の相対関係で決まる（表1）。堆積可能速度は、マングローブ泥炭の堆積速度と外部からの土砂流入にともなう埋積速度の和として求まる。前節でも述べたように、年２㎜程のスピードで進行する海面上昇に対しては、熱帯湿潤地域の *Rhizophora* 属が優占する立地ではマングローブ泥炭を堆積することによって自ら地盤高を高め生き残ることができる。しかし、年５㎜を超す海面上昇に対してはマングローブ泥炭の生産が追いつかず、いずれは溺れてしまう[20]。

今後起こるであろう海面上昇の最適予測値は21世紀末までに50㎝、年平均５㎜の速さで進行するとみられている[21]。太平洋地域の一般的な潮差は１ｍ程である。すなわち、太平洋地域のマングローブ林は中等潮位上わずかに50㎝程の範囲内に生育しているにすぎない。もしもこのスピードで海面上昇が進行した場合には、太平洋島嶼域のマングローブ林は、マングローブ泥炭の蓄積による多少の地盤高の上積みがあったとしても、その立地のほとんどが21世紀末から22世紀初頭には中等潮位以下の水位環境となってしまい、水没・枯死することになるだろう。分布の北限に近い日本の南西諸島に分布するマングローブ林は、熱帯湿潤地域に比べバイオマス生産力が劣ると考えられることから、海面上昇の影響はより顕著に現れるであろう。大陸アジアに分布するような、比較的規模の大きなデルタ上のマングローブ林は、土砂流入量が多く堆積速度が速いため、水没から免れることができる場所もあるかもしれない。

海面上昇の影響は、潮差の大小によっても現れ方が異なってくるであろう。タイランド湾沿岸のように潮差が数十㎝と小さな地域では、ごくわずかな海面上昇でも立地の大半が即座に中等潮位以下となってしまい、マングローブ林の水没・枯死現象が直ちに現れるにちがいない。これに対し、大潮汐域で、すでに地盤高が高潮位付近に達している立地では、その高さまで海面（中等潮位）が上昇してくるのに時間的余裕があるため、水没・枯死現象が現れるまでにはかなりの時間を要するであろう[22]。

海面上昇にともないマングローブ林の内陸側林縁部は、上昇速度の大小、潮差の大小にかかわらず徐々に内陸側に侵入する。海面の急上昇時には海側から急速に水没・枯死するため、森林の幅は急速に狭まるであろうが、内陸側に後退の余地がある限り完全に消滅することはない。しかし、マングローブ林背後に養殖池の堤や防潮堤が築かれているような場では、海面上昇速度がそこでの堆積可能速度を上回った場合、内陸側への後退は不可能なため、いずれは完全に消滅することになるだろう。

森林内部では、海面が上昇するにつれ、潮間帯の中での相対位置が徐々に低下するため、通常の遷移とは逆の遷移がおこる可能性がある。例えば、高潮位付近に成立する *Xylocarpus* 林や *Ceriops* 林がそれよりも低い地盤高を好む *Rhizophora* 林へと後戻りするかもしれない[22]。ただし、樹種の置き換わりには光環境も関係するため、潮位環境の変化のみから直ちに逆遷移がおこるとは断定はできない。

四　今なすべきことは？

これまでの研究で、マングローブ泥炭の堆積のみで立地が形成・維持されている林では、ＩＰＣＣによる最適予測値である年平均5㎜のスピードで海面が上昇を続けると、21世紀末から22世紀初頭にはそのほとんどが水没し、失われてしまうことが明らかになってきた。土砂流入量が多く、堆積速度が速い場所では理論的には生き残れるが、そのようなマングローブ林が本来あるべき大陸アジアでは、エビ養殖池の造成ですでに失われてしまっている場合が多い。養殖池の造成やその他の人為的インパクトにともなうマングローブ林の減少は、アジア諸国のみならず、中南米やアフリカ諸国でも同様に進行している。

マングローブ林の消失は、限られた地域の防潮・防波機能の低下や沿岸生態系の荒廃をもたらすばかりではない。海洋動物の実に90％がマングローブ林を含めた沿岸域の湿地や河口部で涵養されているという報告もある[23]。すなわち、海面上昇は地球規模での海洋生態系の荒廃をもたらしかねないのである。また、炭素蓄積の場として重要な役割を果たしてきたマングローブ生態系が失われることは、地球温暖化にさらに拍車をかけることにもなりかねない。

まずなさねばならないことは、積極的な植林によって、これまでに失われた林を少しでも早く再生させることであることは言うまでもない。また、わずかに残された貴重な天然林の保護に努めることも必要である。しかし、マングローブ域は地域住民にとって重要な生活の場であり、彼らの生活を無視した森林保護策はとられるべきではない。地域住民に持続可能なレベルでの森林利用を認めた上で森林管理を任せるコミュニティーベースでの森林管理システム、すでに養殖池が存在する地域では、森林の保護育成と養殖池の共存を図る森林利用システム、劣化した二次林を良好な森林環境に早急に回復させるための積極的な間伐や間伐材の有効利用システムなどを、地域の実情に応じて開発・普及させる努力が必要である。

２０００年11月にオランダのハーグで開催されたＣＯＰ６（気候変動に関する国際連合枠組み条約第６回締約国会議）では、ＣＯＰ３で取りまとめられた、先進国の温室効果ガス排出量の削減目標などを定めた「京都議定書」を発効させるための具体的なルール作りがなされるはずであった。しかし、日米両政府による二酸化炭素の森林吸収量を過度に見積もった削減計画がＥＵ諸国に受け入れられず、「京都議定書」発効の見通しがまったく立たない状況となってしまった。森林はその成長過程において、ある程度二酸化炭素の吸収源となり得ることは明らかであり、温暖化防止のためにマングローブ林も含めたあらゆる森林を保護育成していくことが重要であることはいまさら言うまでもない。しかし、温暖化防止のためにまず行わなければならないことは、なんと言っても温室効果ガスそのものの排出量の削減である。海面上昇が現実のものとなり、マングローブ林の水没・枯死現象がいたるところで見られはじめてからではもう手遅れなのである。

注１　ハイドロアイソスタシーとは、氷期・間氷期の繰り返しによって起こる海水量の増減にともなう海底への荷重の増減に応じて、マントルに流動が生じ、陸地と海底とが相対的に昇降する現象。

文献

（１）Spalding, M., Blasco, F. and Field, C. eds. (1997) *World Mangrove Atlas*. The International Society for Mangrove Ecosystems, Okinawa, Japan, 178p.

(2) Fujimoto, K. and Miyagi, T. (1993) Development process of tidal-flat type mangrove habitats and their zonation in the Pacific Ocean : A geomorphological study. *Vegetatio*, **106**, 137-146.

(3) Fujimoto, K., Tabuchi, R., Mori, T. and Murofushi, T. (1995) Site environments and stand structure of the mangrove forests on Pohnpei Island, Micronesia. *JARQ*, **29**, 275-284.

(4) Fujimoto, K., Miyagi, T., Kikuchi, T. & Kawana, T. (1996) Mangrove habitat formation and response to Holocene sea-level changes on Kosrae Island, Micronesia. *Mangroves and Salt Marshes*, **1**, 47-57.

(5) Twilley, R.R., Chen, R.H. and Hargis, T. (1992) Carbon sinks in mangrove and their implications to carbon budget of tropical coastal ecosystems. *Water, Air, and Soil Pollution*, **64**, 265-288.

(6) Fujimoto, K., Imaya, A., Tabuchi, R., Kuramoto, S., Utsugi, H. and Murofushi, T. (1999) Belowground carbon storage of Micronesian mangrove forests. *Ecological Research*, **14**, 409-413.

(7) Fujimoto, K., Miyagi, T., Adachi, H., Murofushi, T., Hiraide, M., Kumada, T., Tuan, M.S., Phuong, D.X., Nam, V.N. and Hong, P.N. (2000) Belowground carbon sequestration of mangrove forests in Southern Vietnam. Miyagi, T. ed. *Organic material and sea-level change in mangrove habitat*. Tohoku Gakuin University, Sendai, 30-36.

(8) Fujimoto, K., Miyagi, T., Murofushi, T., Adachi, H., Komiyama, A., Mochida, Y., Ishihara, S. Pramojanee, P., Srisawatt, W. & Havanond, S. (2000) Evaluation of the belowground carbon sequestration of estuarine mangrove habitats, Southwestern Thailand. Miyagi, T. ed. *Organic material and sea-level change in mangrove habitat*. Tohoku Gakuin University, Sendai, 101-109.

(9) Fujimoto, K. (2000) Belowground carbon sequestration of mangrove forests in the Asia-Pacific region. *Asia-Pacific Cooperation on Research. For Conservation of Mangroves. Proceedings of an International Workshop, 26-30 March, 2000, Okinawa, Japan*. The United Nations University, Tokyo, 87-95.

(10) Mochida, Y., Fujimoto, K., Miyagi, T., Ishihara, S., Murofushi, T., Kikuchi, T. and Promojanee, P. (1999) A phytosociological study of the mangrove vegetation in the Malay Peninsula.−Special reference to the micro-topography and mangrove deposit−. *TROPICS*, **8**, 207-220.

(11) Komiyama, A., Moriya, H., Suhardjono, P., Toma, T. & Ogino, K. (1988) Forest as an ecosystem, its structure and

function. In Ogino, K. and Chihara, M. eds. *Biological System of Mangroves*. Ehime University, Ehime, 85-151.

(12) Fujimoto, K., Tabuchi, R., Utsugi, H., Ono, K., Hiraide, M., Kuramoto, S., Kitao, M., Adachi, H., Ishihara, S., Yokoyama, I. and Lihpai, S. (2000) Top/root biomass ratio of a *Rhizophora apiculata* tree and belowground necromass of estuarine mangrove habitat in Pohnpei Island, Micronesia. In Mangrove research team of FFPRI ed. *US-Japan Joint Research for Conservation and Management of Mangrove Forests in the South Pacific Islands－Forest dynamics, accumulation processes of belowground organic matters and eco-physiological response to the environmental factor－*. Forestry and Forest Products Research Institute, Tsukuba, 36-41.

(13) Fujimoto, K., Imaya, A., Tabuchi, R., Kuramoto, S., Utsugi, H. and Murofushi, T. (1999) Belowground carbon storage of Micronesian mangrove forests. *Ecological Research*, **14**, 409-413.

(14) Kawana, T., Miyagi, T., Fujimoto, K. and Kikuchi, T. (1995) Late Holocene sea-level changes in Kosrae Island, the Corolines, Micronesia. In kikuchi, T. ed. *Rapid Sea Level Rise and Mangrove Habitat*. Institute for Basin Ecosystem Studies, Gifu University, Gifu, 1-7.

(15) 藤本　潔・宮城豊彦・Melana, E.（１９８９）温室効果に伴う急激な海水準上昇のマングローブ生態系へ及ぼす影響の予測に関する基礎的研究―フィリピン、パグビラオ近郊のマングローブ林を例に―　宮城豊彦・Maximino, G. 編『フィリピン、ルソン島におけるマングローブ的環境の成立とその人為的破壊の実証的研究および修復への提言』 国際協力推進協会報告書　31―43頁

(16) Fujimoto, K., Miyagi, T. and Kikuchi, T. (1995) Formative and Maintainable Mechanisms of Mangrove Habitats in Micronesia and the Philippines. Kikuchi, T. ed. *Rapid Sea Level Rise and Mangrove Habitat*. Institute for Basin Ecosystem Studies, Gifu University, Gifu, 9-18.

(17) Fujimoto, K., Miyagi, T., Murofushi, T., Mochida, Y., Umitsu, M., Adachi, H. and Pramojanee, P. (1999) Mangrove habitat dynamics and Holocene sea-level changes in the southwestern coast of Thailand. *TROPICS*, **8**, 239-255.

(18) Kawana, T. and Ichikawa, K. (1998) Field investigation about the Holocene sea-level changes in southwestern Thailand. In Miyagi, T. ed. *Mangrove Habitat Dynamics and Sea-level Change*. Tohoku Gakuin University, Sendai, 12-14.

(19) Scoffin, T.P. and Le Tissier, M.D.A. (1998) Late Holocene sea level and reef-flat progradation, Phuket, South

Thailand. *Coral Reefs*, **17**, 273-276.

(20) Miyagi, T., Kikuchi, T. and Fujimoto, K. (1995) Late Holocene Sealevel Changes and the Mangrove Peat Accumulation / Habitat Dynamics in the Western Pacific Area. Kikuchi, T. ed. *Rapid Sea Level Rise and Mangrove Habitat*. Institute for Basin Ecosystem Studies, Gifu University, Gifu, 19-26.

(21) Warrick, R.A., Le Provost, C., Meier, M.F., Oerlemans, J. and Woodworth, P.L. (1996) Changes in sea-lavel. Houghton, J.T., Meira Filho, L.G., Callander, B.A., Harris, N., Kattenberg, A. and Maskell, K. eds. *Climate Change 1995. The Science of Climate Change*. Cambridge University, 363-405.

(22) Miyagi, T., Tanavud, C., Pramojanee, P., Fujimoto, K. and Mochida, Y. (1999) Mangrove habitat dynamics and sea-level change - A scenario and GIS mapping of the changing process of the delta and estuary type mangrove habitat in Southwestern Thailand -. *TROPICS*, **8**, 179-196.

(23) Brown, L.R.・Kane, H. 著、小島慶三訳（１９９５）『飢餓の世紀』ダイヤモンド社　２５６頁．Brown, L.R. and Kane, H. (1994) *Full House*. W.W. Norton & Company, New York.

4

茅根　創

地球環境変動に対するサンゴ礁の応答

一　地球環境とサンゴ礁

サンゴ礁は、熱帯・亜熱帯の海岸を縁取る地形で、サンゴなどの石灰質の骨格をもつ生物が海面近くまで積み重なって造り上げたものである。サンゴは、刺胞動物（イソギンチャクやクラゲと同じ分類群）に属する動物であるが、群体をなして石灰質の骨格を作るという点と、体内に大量の藻類を共生させているという点において、イソギンチャクやクラゲとは異なる特徴をもっている。サンゴ体内の共生藻は、サンゴ礁という光を十分に受けられる浅瀬で活発に光合成を行って、二酸化炭素と水とから有機物と酸素を作り出す。共生藻が作る有機物をエネルギー源として、サンゴ礁には海洋の生態系の中ではもっとも多様な生物が分布している。サンゴ礁はまた、こうした生物たちに住みかも提供している。つまりサンゴ礁は、光合成のための受光の場と、生物たちの住みかの両方を提供している。

生物が造る地形という特徴によってサンゴ礁は、他の海岸には見られない特徴をもっている。中高緯度に分布する砂浜海岸や岩石海岸は、主として波浪や流れなど物理過程だけによって造られる。一方、サンゴ礁の形成には、物理過程だけでなく、サンゴの生育という生物過程や、光合成・石灰化・炭酸カルシウムの溶食といった化学過程が大きく関わっている。そのため、地球環境変動に対しても、中高緯度の海岸が海面上昇にだけ応答するのに対して、サンゴ礁は、海面上昇だけでなく、地球温暖化や二酸化炭素濃度の上昇とも密接に関わっている。しかも、その応答は単純なものではない。

　近年の熱帯・亜熱帯の海岸地域への人口の急激な集中と、それにともなう開発によって、サンゴ礁は破壊の危機にある。しかし人間による開発の影響がほとんどないサンゴ礁にも、こうした地球規模の変動は等しく影響を及ぼし始めている。

二　地球温暖化とサンゴの白化

　サンゴ礁を構成する造礁サンゴの生育最適水温は、大ざっぱにいって20度から30度程度である。30度以上の高水温が続くと、サンゴは体内の共生藻を体外に放出して白化（bleaching）してしまう。動物としてのサンゴ（サンゴはイソギンチャクの仲間の動物）はほとんど無色で、サンゴの色はほとんどが体内の共生藻の色である。共生藻がいなくなったサンゴは、骨格の炭酸カルシウムが透けて白く見えるので白化という。白化したサンゴは、共生藻のエネルギーが得られないために、白化から2週間前後で死に至る。サンゴが死ぬとサンゴの肉質部が腐って炭酸カルシウム骨格が露出し、ここに糸状の藻類などがすぐ付着して褐色や灰色になってしまう。つまり白化したサンゴは、共生藻を失ってはいるが、まだ生きている。環境条件が戻れば、共生藻が戻ってきて、再び健康なサンゴに戻ることも多い。

　サンゴは、様々なストレスを与えられると、共生藻を放出する。ストレスによって光合成反応の一部が機能しなくなり、光エネルギーが蓄積してしまい、これが活性酸素などの形でサンゴを損傷するため、共生藻を放出するのだと考えられている。ストレスとしては、高水温、低水温、強い光、濁り、紫外線、低

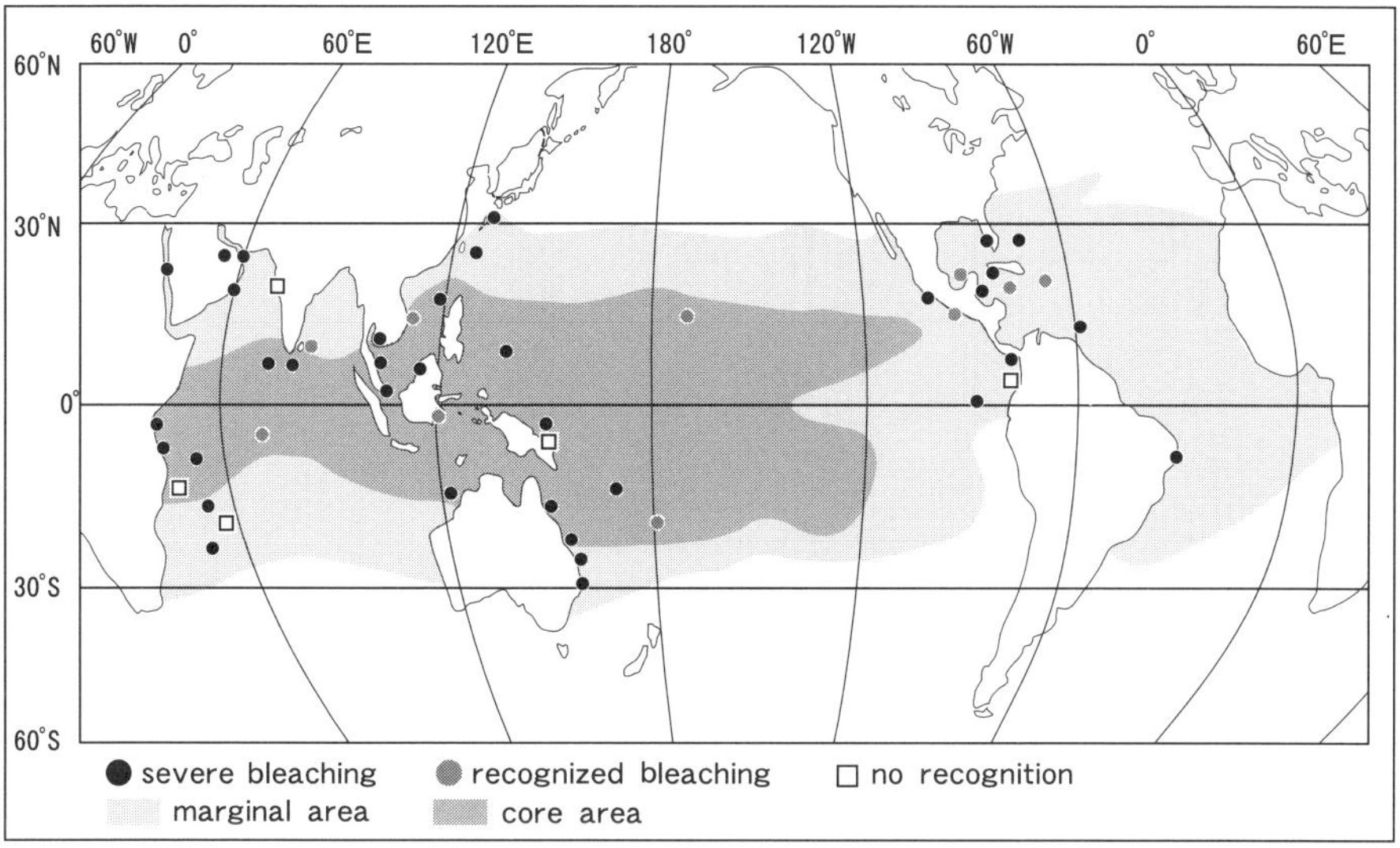

図1　1997年～1998年の世界のサンゴ礁の白化の状況。Wilkinson (1998) に基づいて作成。サンゴ礁の分布は Hori (1980) による。
●：白化が著しかったサンゴ礁　●：白化が認められたサンゴ礁　□：白化しなかったサンゴ礁。

塩分など様々なものがある[1]。

１９９７年から１９９８年にかけて、通常時よりも高い水温が熱帯・亜熱帯海域の様々な場所に現れた。これによって、世界の様々な地域のサンゴ礁で、これまでになかった規模の白化が起こった。１９９８年の１月にはセイシェル、２月にはオーストラリアのグレートバリアリーフ、３月にはパナマやモルジブ、４月にスリランカ、５月にインドネシア、マレーシア、６月にタイ、フロリダと、高水温海域の発生と移動に伴って、サンゴの大規模な白化が世界中の様々なサンゴ礁で発生した[2]（図１）。

琉球列島では、１９９８年７月～９月にかけて、30度以上の高水温が１ヶ月以上継続した。暖かい海水は、浅いサンゴ礁の上でさらに暖められて、日中は35度まであがった日もあった。この高水温によって、琉球列島のほとんどのサンゴ礁で、これまでにない規模のサンゴの白化が起こった。石垣島南東の白保サンゴ礁は、生きているサンゴの被度が高いサンゴ礁として有名である。白保サンゴ礁でも、枝状

写真1　白化した枝状ハマサンゴ。1998年9月、石垣島白保（波利井佐紀撮影）。

のコモンサンゴやミドリイシなどのほとんどが白化し、生きているサンゴの被度は、白化前の半分程度になってしまった[3]（写真1）。しかし白保で有名なアオサンゴはほとんど白化しなかった。サンゴの種類によって、白化に対する耐性の強いものと弱いものがあるようだ。

幸いなことに白保のサンゴ礁では、白化後2年でもっとも被害の大きかった枝状コモンサンゴは回復し、ほぼ白化前の被度に戻った[4]。しかしながら、琉球列島の他のサンゴ礁や、世界の多くのサンゴ礁では白化からの回復が進んでおらず、生きているサンゴの被度が白化前の10分の1程度になってしまったサンゴ礁も多い。

今世紀の温暖化によって、こうした白化がより頻繁に、より大規模に起こる可能性があることが予測されている。今世紀中に海水温度が2度前後上昇すると、１９９８年に起こったような白化がほとんど毎年発生すると予測する研究者もいる[5]。サンゴと共生藻は、こうした温暖化に適応していくことができるのだろうか。すでに白化に強いサンゴと共生藻が選択的に生き残っているという研究結果もある。しかし、大多数の研究者は１００年という時間は、サンゴが環境のこうした変化（温暖化）に完全に適応するには十分な時間とは言えないと考えている。

しかし、温暖化によってサンゴの生育に都合がよくなる海域はないのだろうか。たとえば本州南岸の足摺岬や紀伊半島の串本は、琉球列島に比べるとサンゴの種数も減少し、サンゴが積み重なって作るサンゴ礁の地形も見られない。岩盤の上をおおうサンゴ群集が分布している。これらの海域では、冬季には海水温度が時には15度以下まで減少して、サンゴが大量にへい死することもあった。こうした海域のサンゴは、水温の上昇はより快適な環境をもたらしてくれるのではないだろうか。温暖化によって、本州の南岸や東京湾にもサンゴ礁が分布するようにならないのだろうか。

しかしながら、１９９８年の白化の際には、串本など本州南岸のサンゴ群集も白化した。これは、サンゴ群集がそれぞれの海域環境に応じた群集の構成をもち、適応をしているためであると考えられる。つまり、一般的な生育限界をこえていなくても、それぞれの海域の水温の変動幅をこえることによって白化が起こったのである。残念ながら、温暖化による白化は、世界のサンゴとサンゴ礁の健全度を著しく弱めると結論しなければならない。

三　海面上昇とサンゴ礁の水没

サンゴ礁は、後氷期（2万年前の氷期が終わった後、地球が温暖化し、氷床が融解して海面が上昇していった１万６千年前以降現在まで）の海面上昇に追いついて上方に成長していって形成された。今世紀の温暖化にサンゴ礁が追いついていけるかどうかを、過去のサンゴ礁の上方成長の記録から類推することができる。

後氷期の海面上昇速度がゆるやかになると、海水面に真っ先に追いついたのは、サンゴ礁海側の高まりである礁嶺である。礁嶺は、頑丈な親指のような枝を持つミドリイシなどがその場で積み重なって作った地形で、その上方成長速度は１０００年あたり４ｍ程度である。この上方成長速度をそのまま１００年あたりに直すと40㎝になるから、今世紀の海面上昇量が40㎝をこえると、サンゴ礁の頂面はこれに追いつく

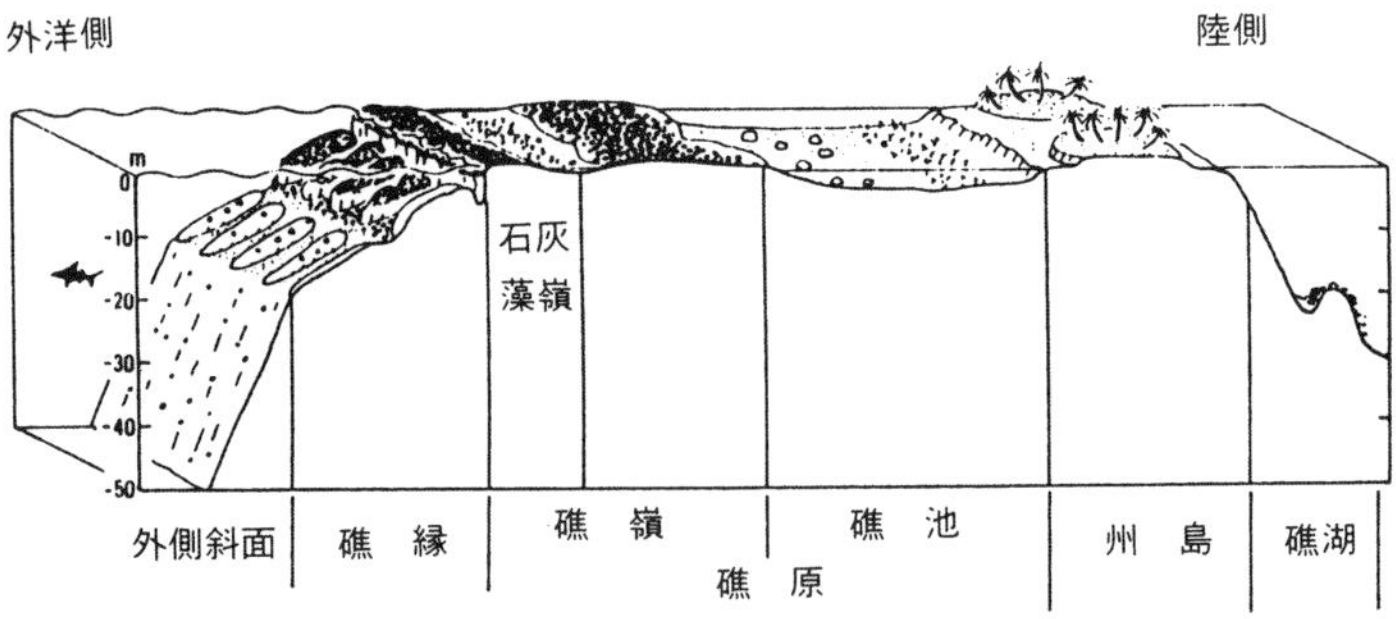

図2　サンゴ礁の地形分帯構成

ことができず水没することになる。[6]

サンゴ礁は、自然の防波提である。琉球列島の島々ではサンゴ礁が分布する海岸では、台風の時ですら波高何mもの波が海岸までとどくことはほとんどない。地震の時の津波からも、サンゴ礁のある海岸は守られた。外洋の波をさえぎっているのは、礁嶺の高まりである（図2）。礁嶺の頂面はほぼ低潮位まで達している。海面上昇に礁嶺の頂面が追いつくことができなければ、それだけ大きな波のエネルギーが礁嶺をこえて海岸までおしよせてくることになる。

さらに、海面上昇によってより深刻な被害が予想されるのは、環礁のサンゴ州島である。環礁とは、サンゴ礁だけがリング状に連なった地形で、サンゴ礁の内側に高い島をもたない。環礁では、陸地はサンゴ礁の上に分布するサンゴの破片や有孔虫からなる標高の低い島だけで、サンゴ州島と呼ばれる（写真2カラー口絵参照）。環礁の島々では、標高が最大でも2～3mしかないサンゴ州島の上に、人々は生活している。太平洋のマーシャル諸島やインド洋のモルジブ諸島などは、ほとんどが環礁だけからなる。

こうした島々では、これまでにも暴風や高波の被害をこうむってきた。海面のわずかな上昇でも、サンゴ礁の礁嶺が水没し、外洋の波が直接サンゴ州島にうちつけ、やがて浸食されてしまう。こうした島々の人々にとって海面上昇は、まさに国土そのものの喪失に結びつく。

サンゴ州島は、サンゴの破片や有孔虫の殻でできている。こうした生物遺骸片は、ほとんどがその沖側のサンゴ礁の上、とくに礁嶺で形成されたものである。[7] とくに有孔虫の殻は島の形成にとって重要で、島によっては、ほとんどが有孔虫の殻でできている島もある。この有孔虫は礁嶺の上の低潮位の時に干上がるような場所に多く生息している。つまり礁嶺が水没すれば、外洋からの波が直接サンゴ州島に達するとともに、サンゴ州島を構成する有孔虫殻の供給も停止し、サンゴ州島の喪失が進む可能性が高い。

四　私たちはサンゴ礁を次の世代に残せるだろうか

地球温暖化の影響がすでに生態系に現れているかどうかについて、様々な議論がある。１９９８年の白化は、地球温暖化によるものではなく、１９９７年の暮れから１９９８年の初頭にかけて起こったこれも観測史上最大規模のエルニーニョに伴っておこったと考えられている。しかし、温暖化によって水温が全体に底上げされたことが、１９９８年の白化をこれまでにない、大規模で深刻なものにしたと考える研究者は多い。

サンゴ礁は現在、熱帯・亜熱帯の海岸の急激な開発に伴って、破壊の危機にある。世界のサンゴ礁の３分の１が今後10年以内に破壊されてしまうだろうという見積もりもある。[8] この見積もりでは、人間の開発から逃れ今後数十年間は自然のままに残るであろうサンゴ礁も全体の３分の１とされている。しかし、こうした開発からは遠く自然のままのサンゴ礁も、温暖化や海面上昇といった地球規模の環境変動の影響から逃れることはできない。

サンゴ礁がなくなってしまえば、その多様な生物も失われてしまう。美しいだけでなく、豊かなサンゴ礁を、我々は次の世代に残すことができるのだろうか。

文献

（1） Glynn, P. W. (1993) Coral reef bleaching: ecological perspectives. *Coral Reefs*, **12**, 1-17.

Jones, R. J. *et al*. (1998) Temperature-induced bleaching of corals begins with impairment of the CO_2 fixation mechanism in zooxanthellae. *Plant Cell Environment*, **21**, 1219-1230.

（2） Wilkinson, C. (2000) The 1997-1998 mass coral bleaching and mortality: 2 years on. In Wilkinson, C. ed. *Status of Coral Reefs of the World: 2000*. Australian Institute of Marine Science, Townsville, Australia.

（3） 長谷川均・市川清士・小林　都・小林　孝・星野　眞・目崎茂和（１９９９）石垣島における１９９８年のサンゴ礁の広範な白化　Galaxea: 日本サンゴ礁学会誌　１号31-40頁

茅根　創・波利井佐紀・山野博哉・田村正行・井手陽一・秋元不二雄（１９９９）琉球列島石垣島白保・川平の定測線における１９９８年白化前後の造礁サンゴ群集被度変化　Galaxea: 日本サンゴ礁学会誌　１号73-82頁

（4） Kayanne, H., Harii, S., Ide, Y. and Akimoto, F.（投稿中）Recovery of coral populations after the 1998 bleaching on a coral reef flat of Shiraho, Ishigaki Island, Japan. Submitted to Marine Ecology Progress Series.

（5） Hoegh-Guldberg, O. (1999) Climate change, coral bleaching and the future of the world's coral reefs. *Marine and Freshwater Research*, **50**, 839-866.

（6） Kayanne, H. (1992) Deposition of calcium carbonate into Holocene reefs and its relation to sea-level rise and atmospheric CO_2. *Proc. 7th Int. Coral Reef Symposium*, **1**, 50-55.

（7） Yamano, H., Miyajima, T. and Koike, I. (2000) Importance of foraminifera for the formation and maintenance of a coral sand cay: Green Island, Australia. *Coral Reefs*, **19**, 51-58.

Yamano, H., Kayanne, H. and Yonekura, N. (2001) Anatomy of a modern coral reef flat: a recorder of storms and uplift in the late Holocene. *Jour. Sedimentary Res.*, **71**, 295-304.

（8） Wilkinson, C. (1992) Coral reefs of the world are facing widespread devastation: can we prevent this through sustainable management practices? *Proc. 7th. Int. Coral Reef Symp.*, **1**, 11-21.

5

日本の砂浜海岸における海面上昇の影響

横木裕宗・三村信男

一　モデルによる砂浜の侵食予測

日本の海岸線総延長の約20%が砂浜である。しかし近年、海岸侵食が進み、砂浜海岸の43%が侵食傾向にあり、安定を保っているのが41%、堆積傾向はわずかに6%程度となっている。過去70年間に１２０㎢の国土が失われるなど、海岸侵食は現在でも重大な問題である。

地球温暖化に伴って海面上昇が生じると、海岸の環境にさまざまな影響が生じると懸念されているが、砂浜の侵食もその一つである。これに対する予測の多くはブルン則にもとづいている[9]。こうした予測の確かさはモデルの妥当性にかかっているが、海面上昇が数十年オーダーで徐々に進行する現象であるため、厳密な意味で予測モデルの妥当性を検証することは難しい。

この章では、ブルン則をベースとした海面上昇による砂浜侵食の予測モデルを説明し、さらに、予測モデルを全国の海岸線に適用し、海面上昇によって日本全体でどの程度の砂浜の侵食が生じる可能性があるかについて述べる。

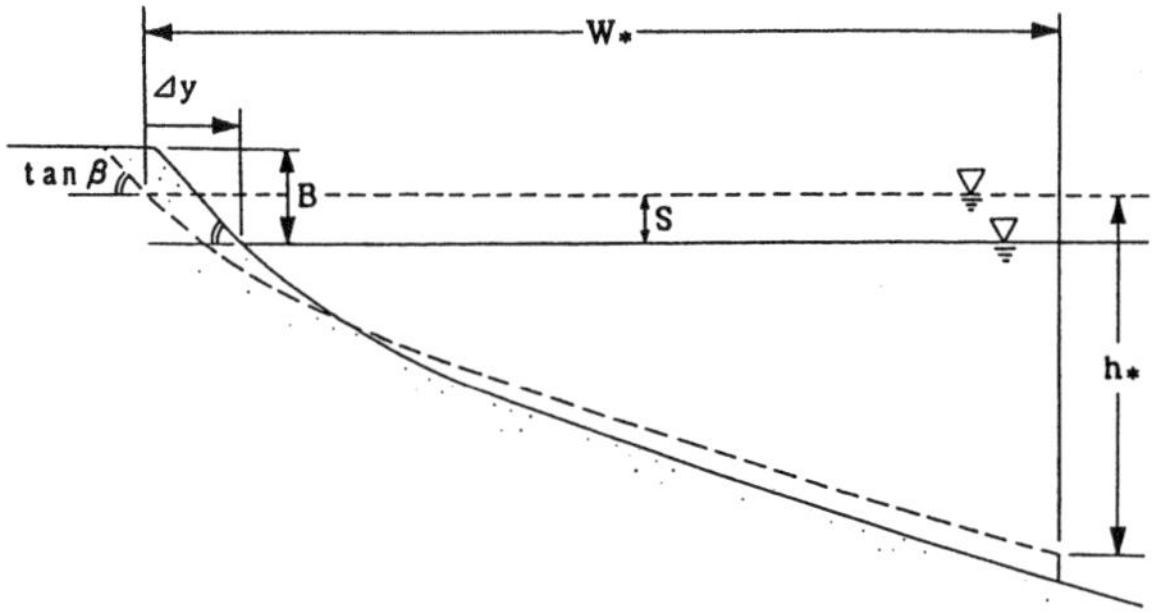

図1　海面上昇に対する砂浜の応答

二　平衡海浜地形とブルン則

地球温暖化による海面上昇は地球上のあらゆる海岸に一様に（上昇量に場所的分布はあるが）作用するため、ここでは漂砂源や沿岸漂砂といった局地的な要因を無視する立場をとる。沿岸漂砂による地形変化がなければ、砂浜の海面上昇に対する応答は、岸沖方向の縦断地形の変化として生じる。図1に示すように、海面が上昇すると縦断地形は新しい水位に対する平衡地形に向かって変化するため、静的な後退（水没）以上に砂浜は侵食され、汀線が後退すると考えられる。ここでいう平衡地形とは、季節的な変動をすべて平均したような、数年間にわたる平均地形というべきものである。こうした考え方は、最初に提唱したP. Bruunにちなんでブルン則と呼ばれる。

海浜の平衡地形に関しては種々の研究があるが、ここではBruun[5]にならって、平衡縦断地形が式(1)で表されるとした。

$$h=Ay^{2/3} \quad \cdots\cdots(1)$$

ここで、yは汀線からの沖方向距離、hは水深、Aは各海岸毎に定まる定数（海浜断面係数）である。

平衡縦断地形が式(1)のように与えられれば、海水面の上昇によって汀線付近で侵食される土砂量と沖側に運ばれる土砂量とが等しいとおいて、その結果生じる汀線後退の距離を求めることができる。このようにして導かれたものにDean[7]の式や三村ら[3]の式がある。この２つの式は、陸上における前浜勾配の考慮にちがいがあるが、汀線の後退距離の推算結果には大きな差がないことが確かめられている。次式に三村ら（１９９３）の式を示す。

$$\frac{3}{5}AW^{5/3}-\frac{3}{5}A(W_*-\Delta y)^{5/3}-SW_*+B\Delta y+\frac{0.5S^2-SB}{\tan\beta}=0 \quad \cdots\cdots\cdots\cdots\cdots(2)$$

ここで、Δyが汀線の後退距離、W_*は汀線から水深がh_*となる地点までの水平距離、Sは海面上昇量、Bはバームの高さ、$\tan\beta$は前浜勾配をそれぞれ表している。また、h_*は限界水深あるいは地形変化の沖側境界での水深を表している。

三　砂浜の侵食量の全国予測

この予測モデルに基づいて、全国規模で算定するためには全国で整ったデータが必要である。そのため、海岸４省庁が実施したアンケート調査[2]で得られた海岸諸条件のデータセットを利用した。この中では、全国９６８８の海岸ごとに、砂浜の延長、幅、平均海底勾配、沖波の条件などが与えられている。このデータおよび沿岸波浪観測年報（運輸省港湾技術研究所）などから波浪条件を求め、海岸毎に移動限界水深やバームの高さを算定した上で、予測モデルによる侵食量を計算し、都道府県ごとに集計した。海面上昇の

海面上昇量 s = 0.65m			海面上昇量 s = 1.0m			明治〜昭和
水没面積 (ha)	侵食面積 (ha)	侵食率 (%)	水没面積 (ha)	侵食面積 (ha)	侵食率 (%)	侵食面積 (ha)
11,049	15,611	81.7	13,824	17,267	90.3	12,539
2,974	4,051	92.1	3,667	4,255	96.8	4,534
663	745	59.6	846	897	71.8	676
66	108	78.5	85	121	88.2	21
256	345	70.2	340	419	85.2	68
431	498	98.2	493	507	100.0	447
205	213	99.1	213	215	100.0	84
148	206	83.6	179	230	93.4	259
298	507	75.6	403	614	91.4	300
460	623	64.6	592	774	80.3	315
54	82	98.5	68	83	100.0	0
179	254	75.9	223	293	87.7	62
437	612	94.6	529	640	99.0	847
47	115	97.3	59	116	97.9	305
407	490	97.1	468	504	99.9	384
97	180	94.6	124	191	100.0	56
545	757	53.9	768	1,087	77.4	327
278	343	55.2	337	412	66.3	298
274	323	80.8	325	362	90.7	196
70	123	98.2	89	126	100.0	49
10	29	95.4	15	31	100.0	20
114	158	90.0	147	172	98.0	635
96	149	98.2	115	152	100.0	38
157	285	80.4	206	307	86.5	137
205	318	98.5	274	323	99.9	51
45	52	100.0	50	52	100.0	165
92	147	94.2	119	154	98.1	40
193	259	96.4	228	269	99.9	191
77	142	83	100	158	92.8	233
191	323	85.6	239	345	91.4	61
218	298	92.5	264	315	97.7	296
177	358	87.9	236	403	98.8	114
214	258	95.2	242	266	97.9	189
28	40	79.3	40	49	96.8	39
199	366	70.9	272	416	80.5	85
94	106	60.6	118	125	71.7	17
178	227	73.5	221	269	87.2	356
249	437	91.2	323	468	97.5	170
619	1,081	89.2	807	1,150	94.9	474
1,030	1,080	99.5	1,060	1,083	99.8	341

表1　海面上昇による全国規模の侵食量の予測

	海岸線延長 (km)	砂浜延長 (km)	砂浜面積 (ha)	海面上昇量 s = 0.3m		
				水没面積 (ha)	侵食面積 (ha)	侵食率 (%)
全国計	31,642	5,508	19,113	6,294	10,810	56.6
北海道	3,023	1,489	4,398	1,721	3,015	68.6
青森県	730	276	1,250	397	539	43.1
岩手県	713	37	137	34	76	55.5
宮城県	864	91	492	132	196	39.8
秋田県	264	128	507	235	369	72.8
山形県	133	38	215	106	116	54.1
福島県	153	63	246	91	138	56.1
茨城県	179	115	671	173	295	44.0
千葉県	476	147	964	241	339	35.2
東京都	585	27	83	27	67	80.7
神奈川県	430	62	334	102	143	42.8
新潟県	598	217	647	262	467	72.1
富山県	152	31	118	27	76	64.2
石川県	597	146	504	253	341	67.6
福井県	433	52	191	53	123	64.4
静岡県	517	151	1,404	259	372	26.5
愛知県	660	124	621	167	205	33.0
三重県	1,089	134	399	166	220	55.1
京都府	302	40	126	38	89	70.5
大阪府	187	15	31	5	20	65.6
兵庫県	778	95	175	70	113	64.3
和歌山県	667	51	152	53	117	77.2
鳥取県	161	68	355	75	188	53.0
島根県	1,032	100	323	107	227	70.2
岡山県	581	53	52	36	46	88.4
広島県	1,123	118	157	51	122	78.1
山口県	1,551	153	269	126	211	78.4
徳島県	436	47	171	42	90	52.7
香川県	791	205	377	110	250	66.4
愛媛県	1,544	196	322	137	221	68.7
高知県	709	82	408	98	206	50.6
福岡県	687	118	271	145	216	79.6
佐賀県	290	11	51	14	20	39.8
長崎県	4,389	154	517	103	254	49.2
熊本県	993	37	175	53	60	34.4
大分県	723	85	309	110	139	45.1
宮崎県	347	125	479	138	291	60.8
鹿児島県	2,761	426	1,212	336	831	68.5
沖縄県	1,713	705	1,085	883	1,052	97.0

＊全国計は沖縄県を除いた数値である.

値としては、IPCC WG I の予測[8]に基づいて、30，65，１００cmの３通りのシナリオを与えた。

三村ほかがおこなった海岸侵食の予測結果[4]を表１に示す。海面上による影響を、30、65、１００cmの上昇量ごとに、砂浜の水没面積、侵食面積を都道府県別に示している。

表１より、海面上昇の影響が驚くほど大きいことがわかる。30cmの上昇でも、全国で現存している砂浜の57%に相当する面積が侵食されることになる。田中ら（１９９３）は５万分の１地形図を用いて明治以来の海岸侵食量を推計した[1]が、その推定値は全国で１万２８８０haであった。したがって、30cmの海面上昇だけで明治から昭和末までの間に生じた侵食に相当する影響が生じることになる。さらに、65cmでは82%、１００cmの上昇では実に90%の砂浜が消失することになる。

都道府県別に見ると、砂浜延長１km当たりの砂浜面積が広い県（静岡、千葉、茨城、宮城、神奈川など）や、砂浜が内湾など外洋から直接見えない場所に分布している県（愛知、熊本、佐賀など）では、海面上昇による砂浜侵食の割合が少ないという予測結果が得られた。これらのことは、砂浜の現存量の多少にかかわらず、海面上昇による侵食量はほぼ一様であること、また海面上昇による侵食量に対する外力波浪の影響が大きいことを示唆している。

このように、影響の現れ方は都道府県毎に異なるが、何も対策を施さなければ、65cmの上昇でほとんどすべての砂浜を失うところも多い。

文献

（１）田中茂信・小荒井衛・深沢満（１９９３）地形図の比較による全国の海岸線変化　海岸工学論文集　第40巻　４１６―４２０頁

（２） 農水省構造改善局・農水省水産庁・運輸省港湾局・建設省河川局（１９９０）全国海岸域保全利用計画調査報告書　３３６頁
（３） 三村信男・幾世橋慎・井上馨子（１９９３）砂浜に対する海面上昇の影響評価、海岸工学論文集　40巻　１０４６―１０５０頁
（４） 三村信男・井上馨子・幾世橋慎・泉宮尊司・信岡尚道（１９９４）砂浜に対する海面上昇の影響評価⑵―予測モデルの妥当性の検証と全国規模の評価―　海岸工学論文集　41巻　１１５９―１１６５頁
（５） Bruun, P.(1962) Sea-level rise as a cause of shore erosion, *Journal of Waterways and Harbors Division, American Society of Civil Engineers*, **88**(WW1), pp.117-130.
（６） Bruun, P.(1988) The Bruun Rule of erosion by sea level rise: A discussion of large-scale two- and three-dimensional usages, *Journal of Coastal Research*, **4**, pp.627-648.
（７） Dean, R.G.(1991) Equilibrium beach profiles: characteristics and applications, *Journal of Coastal Research*, **7**(1), pp.53-84.
（８） IPCC WG1(1990) *Climate Change—The IPCC Scientific Assessment*, Cambridge University Press, 365p.
（９） 例えば、Leatherman, S. P.(1988) *National Assessment of Beach Nourishment Requirements Assosiated with Accelerated Sea-Level Rise*, US EPA Report, 74p.

第2部
都市地域における海面上昇の影響

人工砂浜に人が集まる東京湾湾奥のウォーターフロント（2001 年 5 月小池撮影）

6

東京湾沿岸の開発と海面上昇の影響

小池一之

新橋と有明を結ぶ臨海新交通システム「ゆりかもめ」は、再開発の進む竹芝、日の出、芝浦埠頭を眼下にし、やがてループを描いてレインボーブリッジにさしかかる。前方には、第6、第3台場の背後に、人工渚を持つお台場海浜公園を隔てて、「台場地区」が迫ってくる。ここは、臨海副都心「レインボータウン」の中ではもっとも開発の進んでいる地域で、放送局を中心に、オフィスビル、ホテル、ショッピングモール、高層住宅群が人工渚をとりまく東京湾沿岸開発の新しいシンボルタウンである。この章では、東京湾の自然環境の成り立ちとその開発過程にふれ、さらに、地球温暖化にともなう海面上昇や地震災害などにともなって発生する沿岸域の抱える諸問題にふれてみたい。

一　東京湾の成り立ち

氷床の拡大にともなって、最終氷期最盛期（約2万年前）に１２０ｍ近く低下していた海面は、その後、主に北半球をおおっていた氷床の縮小～消失にともなって急速（最大１cm／年よりやや速い）に上昇した。海進高頂期の年代と海面高度は、日本ではほぼ７０００年前（縄文前期）の年代（較正^{14}C年代）と数ｍ未満の値を示すことが多い。縄文前期に最高に達した海面は、その後、小さな海面低下期または停滞期や海面上昇期を経て現在に至っている。これらは、「縄文中期の小海退」、「弥生の小海退」、「平安海進」などと呼ばれる。[1]これらの小変動の振幅はいずれも数ｍ以内であったが、東京湾の陸化過程に大きな環境変化を与えた。最終氷期の海水準低下にともなってほぼ全域が陸化した東京湾は、縄文海進時に再び海が侵入し、最奥部が現海岸線より60㎞ほど奥の茨城県古河付近まで達する奥東京湾を形成した。この湾や台地を刻んだ谷に侵入した入江は、流入河川や周辺の台地を縁どる海食崖から供給された土砂によって徐々に埋め立てられ、中世末には海岸線は浅草付近まで前進した（図1）。そして、河川沿いには自然堤防が、当時の河口付近や台地の縁には砂州が発達し、海岸には広い干潟が発達していた。[2、3]

東京湾にそう海岸の人工改変―埋立て―の始まったのは、太田道灌が江戸城を築いてからで、家康の江戸入国にともなって最初に埋立てられたのは本所付近で、ついで日比谷入江が埋立てられた。これらの埋立てに使用された土砂は台地を切り崩した砂が主に使われ、大都市江戸の発展に大きく寄与した。江戸の発展にともなって、当時もごみ処理問題を解決し、あわせて新田を開発しようとして埋立てが進行したのが元荒川、古利根川のつくる低湿地に発達していた干潟で、時には江戸大火にともなう瓦礫処分地ともなった。[4]江戸時代、東京湾（江戸湾）奥では、隅田川河口周辺を中心につくられた「河岸」が江戸湊を構成し、百万都市江戸への物資陸揚げ湊となった。しかし、東京湾沿岸に広がる干潟や水域は、「江戸前」の魚介類や海苔の供給地となった豊饒の海であった。

二　東京湾の開発

日本の海岸で最も人工化の進んでいるのは東京湾であろう。東京湾は、水面面積１２００㎢、平均水深

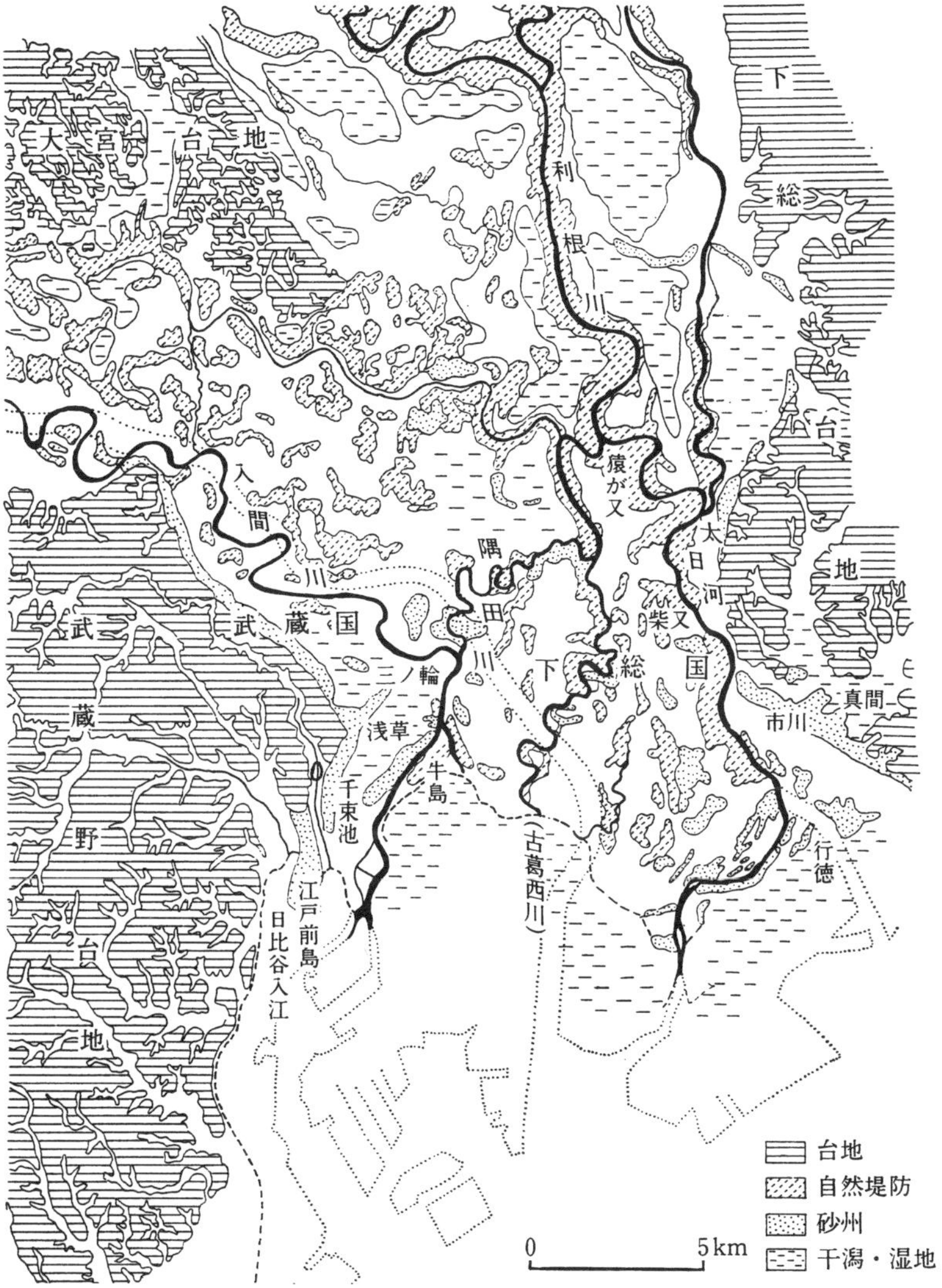

図1　中世末の東京湾奥部の地形と海岸線の位置(2)

12ｍの内湾で、幅７㎞、最大水深90ｍの浦賀水道で太平洋と結ばれている。明治時代以降の埋立ては幕末から開港場となった横浜付近から始まり、その後、川崎から多摩川河口付近へと広がり、戦前には京浜工業地帯を形成した。しかし、千葉県側の海岸線はほぼ自然のままの姿を残し、広大な干潟が発達していた。これらの干潟の埋立てが急速に進められたのは、高度成長期に入った１９６０年から１９７５年にかけての時期で、干潟や水深５ｍより浅い海底（主として三角州の頂置面）が年10㎢ほどの速度で埋立てられた。

埋立てのための土砂は、航路・埠頭予定地や埋立地前面の海底を浚渫し、サンドパイプで埋立区域に送られた（江東地区ではゴミ処分地も広い）。このため、千葉県側の埋立地前面の海底には、水深20ｍを超す深みがつくられた。深みの底に淀み溶存酸素を失った海水は、夏季に南寄りの風で撹拌されると青潮（無酸素の海水）となり、沿岸の貝類にしばしば被害を与えてきた。富栄養化にともなう赤潮の発生と共に、青潮対策は東京湾内の水質を改善する重要な柱である。１９９７年に入ってから、千葉県と東京都との間で、東京港の航路を浚渫した土砂で青潮の原因となる人工的な深みを一つずつ埋め戻す協定が成立した。

１９８０年代始めまでには、東京湾全体で、江戸時代の埋立地２１０haを含み、明治初期の東京湾全体（富津（ふっつ）岬と観音崎とを結ぶ線の内側）の20％弱（事業中の埋立地も含めると23％）にも及ぶ約２万２０００haの海水面が埋立てられた。このため、第二次世界大戦終了（１９４５年）当時、江戸川河口付近から富津岬までほぼ連続していた９４５０haの干潟は、１９７８年にはわずか１０１６haを残すのみとなってしまった[5]。

現在、東京湾をとりまく埋立地の土地利用状況にはかなりきわだった地域差がみられる。その理由の一つには、歴史的経緯や港湾区域の設定あるいは土地利用計画など人為的なもので、他は、埋立地の基礎地盤の強度差によるものである。東京湾岸を取り囲みそれぞれの港湾区域をもつ国土交通省管轄の港湾が６

港（横須賀、横浜、川崎、東京、千葉、木更津）ある。港湾区域から除外されている海岸は、荒川河口から江戸川河口にいたる湾奥部と小櫃川河口三角州を中心とする盤洲および富津岬先端部のみで、前者の埋立地には、海浜公園（人工渚を含む）、レジャーランド、ホテル、住宅地などが、後者は、干潟や砂浜が残っている。

一方、最終氷期に現在の東京湾はほぼ陸地となり旧利根川、荒川、多摩川など現在東京湾に注いでいる河川は湾央部で合流し、古東京川となって浦賀水道付近で太平洋に注いでいた。このため、現在は低平に見える東京湾を取り囲む沖積低地の地下には古東京川に続く複雑な谷地形が埋没している。古東京川の流心は荒川放水路のやや西、江東区辰巳（マイナス70ｍ）から東京港の東航路を通り、川崎沖約4～5㎞（マイナス80ｍ）の東京湾のやや西よりを経て南下し、浦賀水道で東京海底谷へと続いている。江東区から浦安・船橋へと続く沖積低地下にはかなり複雑な谷地形が隠されているので、重量建造物を建設するためには大規模な地盤改良が必要である。しかし、千葉中央港以南の埋立地の地下にはマイナス10ｍ前後の広い平坦面（波食棚）があり、重量建造物の良好な基礎地盤となっている。地盤強度、開発開始時期、東京都心からの距離、港湾区域などが埋立地利用の地域差を生んできたと思われる。また、大型のタンカーや専用船の航行を考慮して、千葉中央港より南のマイナス10ｍ以浅の埋没波食棚の発達する干潟を埋め立てた地域に、まず重化学工業地帯が形成された。遅れて開発の進んだ中央港以北の千葉県側の埋立地には、住宅地・幕張新都心・東京ディズニーランド～舞浜のホテル群などが立地した。なお、現在、埋立ての是非が問われている「三番瀬」は、千葉港の港湾区域に属する干潟である。また、川崎—木更津間を結ぶ東京湾横断道路は、古東京川の埋没谷を跨ぐ海底では海底トンネル（水深はマイナス30ｍ弱）、木更津沖人工島から東は海上を橋で繋いでいる。架橋にはまず海上交通の安全性が考えられたが、東京湾底の地形・地質が大きな影響を与えた。

　このようにして、第二次世界大戦後、近代的施設をもつ東京港（正式開港は１９４１年と遅い）や千葉中央港以南に広がる世界有数の重化学工業地帯が形成された。しかし、オイルショック以降に、日本経済の質的変化は、重厚長大型の産業立地からの脱却や快適な生活空間の復元（人工渚や海浜公園の建設による親水空間の復活）などを目指すようになり、１９７０年代以降になると、隅田川河口部から千葉中央港にかけての海岸には、臨海副都心―東京テレポート（現在名称レインボータウン）、海浜公園、人工渚、レジャーランド、大住宅団地、幕張新都心などの建設が進んだが、バブル経済の破綻によって建設のテンポは遅くなり、一部では計画の見直しや縮小が進められた。

三　内湾の開発と高潮対策

　盛夏から初秋にかけて日本列島を襲う台風の上陸地点は、８月から９月にかけて、九州から東へと移動する。南から北東へ抜ける台風が、とくに湾の西側を通過するとき、気圧の低下と南からの風による吹き寄せで、湾奥の潮位が上昇し高潮となる。１９５９年９月26日に東海地方を襲った伊勢湾台風は、名古屋港で、最大偏差３・５７ｍ（最高潮位3.9ｍ）の高潮を記録した。海岸・河川堤防は併せて約２００ヶ所で破られ、貯木場から大量の木材が流出した。この高潮で死者・行方不明者は５０９８名にも達し、約３００㎢の広大な土地が浸水した（高潮が到達した総面積は、１０００㎢）[6]。

　伊勢湾を襲った高潮災害は、日本政府に強いインパクトを与えた。濃尾平野だけでなく、人口と富が集中している東京や大阪にも広大なゼロメートル地帯が存在していたからである。地下水の過剰汲み上げ（現在は規制されている）が引き起こした地盤沈下は、東京下町で過去１００年間で最大4.5ｍにも達した。東京下町低地では、１９１７、１９３８、１９４９、１９５８年には高潮災害に、１９５９、１９６６年には内水氾濫の被害を受けた。

東京湾岸では、伊勢湾台風クラスの台風が襲来した場合の高潮（最大潮位A.P.[注1]プラス5.1ｍ）を想定し、外郭防潮堤を強化した。東京都の低地は延長２７０㎞、天端高A.P（ほぼ干潮位）プラス６〜8.4ｍの堤防に囲まれ、内水排水施設で護られている。東京湾奥の浦安海岸の防潮堤は、天体潮位（満潮位）A.Pプラス２・１ｍ、予想最大偏差：３ｍ、打ち上げ波高：２・７５ｍ、余裕：０・５５ｍと計算して、天端維持高度A.Pプラス8.4ｍと計画して施工された。東京下町低地のゼロメートル地帯は１２５㎢ほどで、約１００万人の人口を抱えている（図２）。

四　東京湾をとりかこむ埋立地地盤の液状化

地下水位の浅い河川や海岸沿いの低地では、地震動により間隙水の水圧が急上昇し、しばしば地盤の液状化現象が発生する。とくに、軟弱な砂質地盤や新しい埋立地の場合もっとも顕著に現れる。新潟地震（１９６４）の時には、信濃川にかけられた橋が落ち、アパート群が倒壊し、地盤の液状化が甚大な被害を与えることが白日の下にさらされた。また、東京湾岸の開発が進んでいない関東地震（１９２３、Ｍ7.9）時には、古利根川や元荒川流路沿いに発達する自然堤防帯で噴砂・噴水をともなった多くの地割れが発生した。[8]

その後、東京湾周辺を襲った甚大な被害地震は発生していない。わずかに千葉県東方沖地震（１９８７、Ｍ

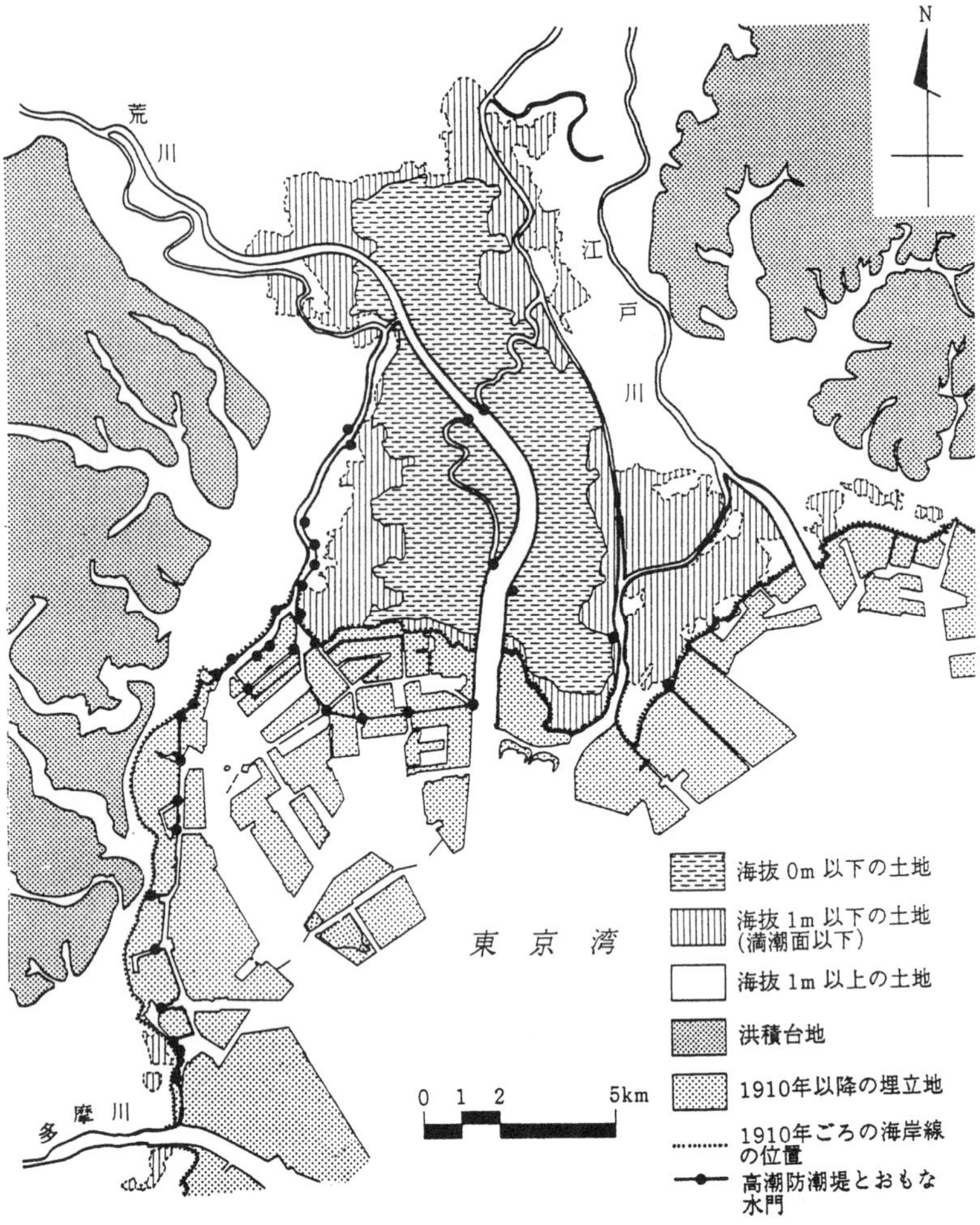

図2 東京下町低地とその周辺の環境地図（(7) を一部改変）

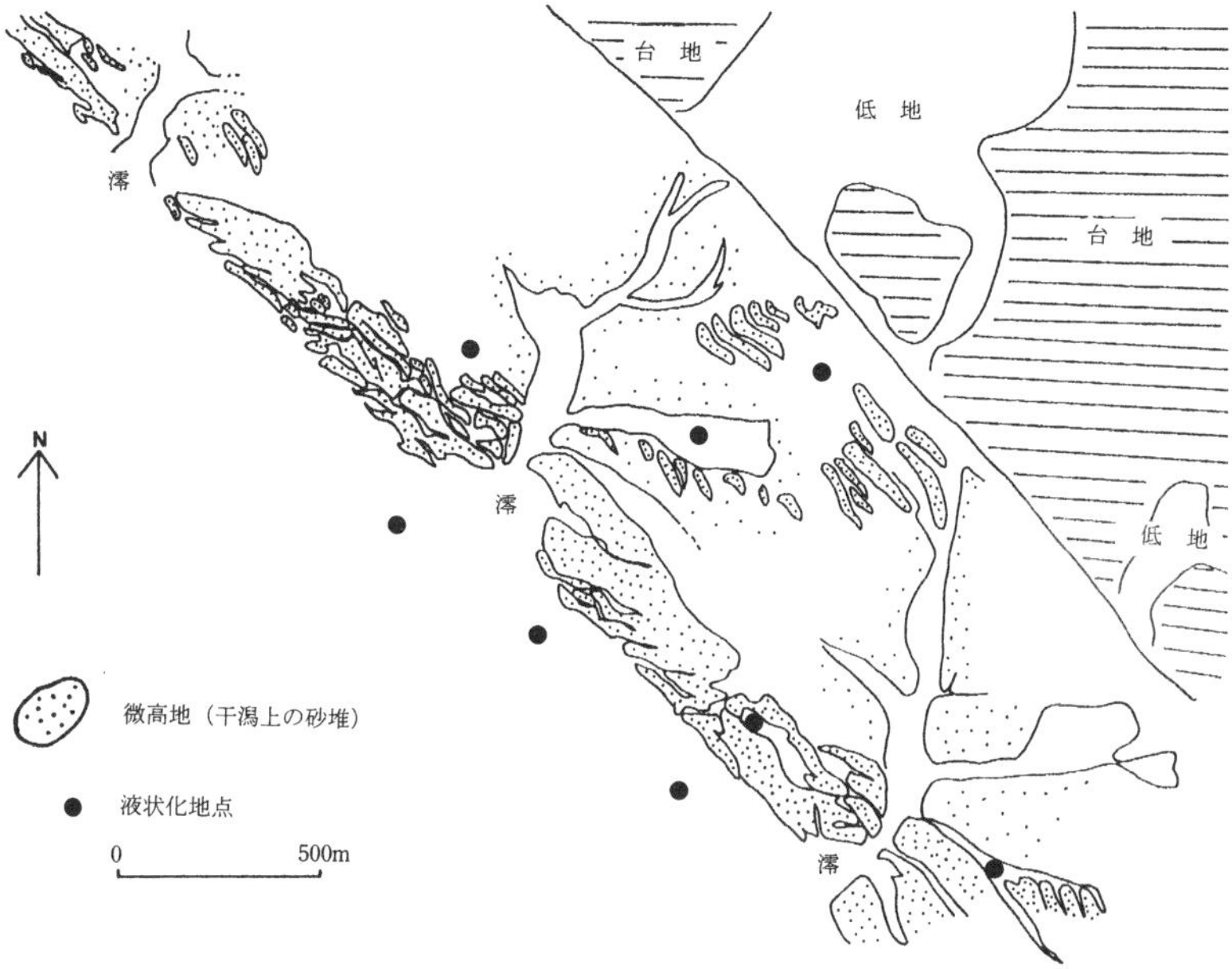

図３　稲毛海浜ニュータウン地域における埋め立て前の微地形と液状化地点との関係[9]
ニュータウン前面の海岸には、いなげの浜、検見川の浜などの人工渚が作られ、人々の憩いの場所となっている（図４の地点②、③）

6.7）のみである。この地震時には、九十九里浜、利根川下流低地や東京湾岸低地など、その規模と比較して、広い範囲で液状化現象を発生させた。この地震は、東京湾岸では地盤の液状化を促進するほぼ下限の地震動をもたらしたとみられ、地質・地形条件の悪い①沖積層下の埋没谷底、②埋立て前に存在した干潟の澪すじ、③埋立て時に作られた水路跡などに集中した（図３）[9]。

　福井地震（１９４８）以降、日本列島では数年の間隔で被害地震が発生したが、幸いなことに太平洋岸のメガロポリスを直撃しなかった。しかし、巨大都市を直撃する大地震は計り知れない人的・物質的被害を及ぼすことは兵庫県南部地震（M7.2）が如実に示している。この時、神戸港の埠頭や埋立地では各所で液状化現象が発生し、コンテナ埠頭などに大きな被害を与えた。M７クラスより強い地震に襲われたとき、東京港地域でも同様の現象が起きる危険性は否定できない。埠頭施設の被害だけでなく、高潮防潮堤や内水排水機場の被害も想定しておかねばならないだろう。

1970年代にはいると、東京湾を取り囲む自治体は、失われた砂浜・干潟の人工造成、海岸へのアクセス改善などに取り組み始めた。[10、11] 東京都でも、人工の砂浜や野鳥の楽園を含む海浜公園整備計画を1971年から開始した。

五　人工渚の建設

東京湾内には、現在、総延長約14㎞の人工渚が11地点で建設され、海浜公園の重要な構成要素となっている（表1、図4）。千葉県側の埋立地の南半部は重化学工業工場群が占め、海浜への立ち入りが著しく制限されているが、幕張メッセや住宅地、ホテル・遊園地などが立地する北半部の埋立地前面には、人工砂浜が建設された。これらは、人工砂浜と背後の海浜公園からなる千葉ポートパーク―①、いなげの浜―②、検見川の浜―③、幕張の浜―④、及び、潮干狩が可能な干潟をもつ船橋海浜公園―⑤である。完成した渚の延長は約4750ｍで、建設には、海浜公園部分を含め1ヶ所40～85億円の費用を要した（表1）。

最初に開かれたのはいなげの浜―②（1975年）で、両端に突堤を設けた海岸を、まず、沖合3㎞の海底を浚渫した砂で養浜し、表面を細礫（径3～8㎜）で保護した。[13] 最も新しく完成した検見川の浜―③は、それまでに完成した渚が砂の流亡に悩まされていたことを考慮して、弓形の曲線をもつ突堤と潜堤を持つ構造とし、養浜砂（123万㎥）は富津沖から運ばれた。これら千葉県側に立地する人工渚が、東京湾内では波の吹送距離の最も長い南西向きであるため、養浜した砂が流亡しやすく、時々追加の砂を投入して、渚を維持している。

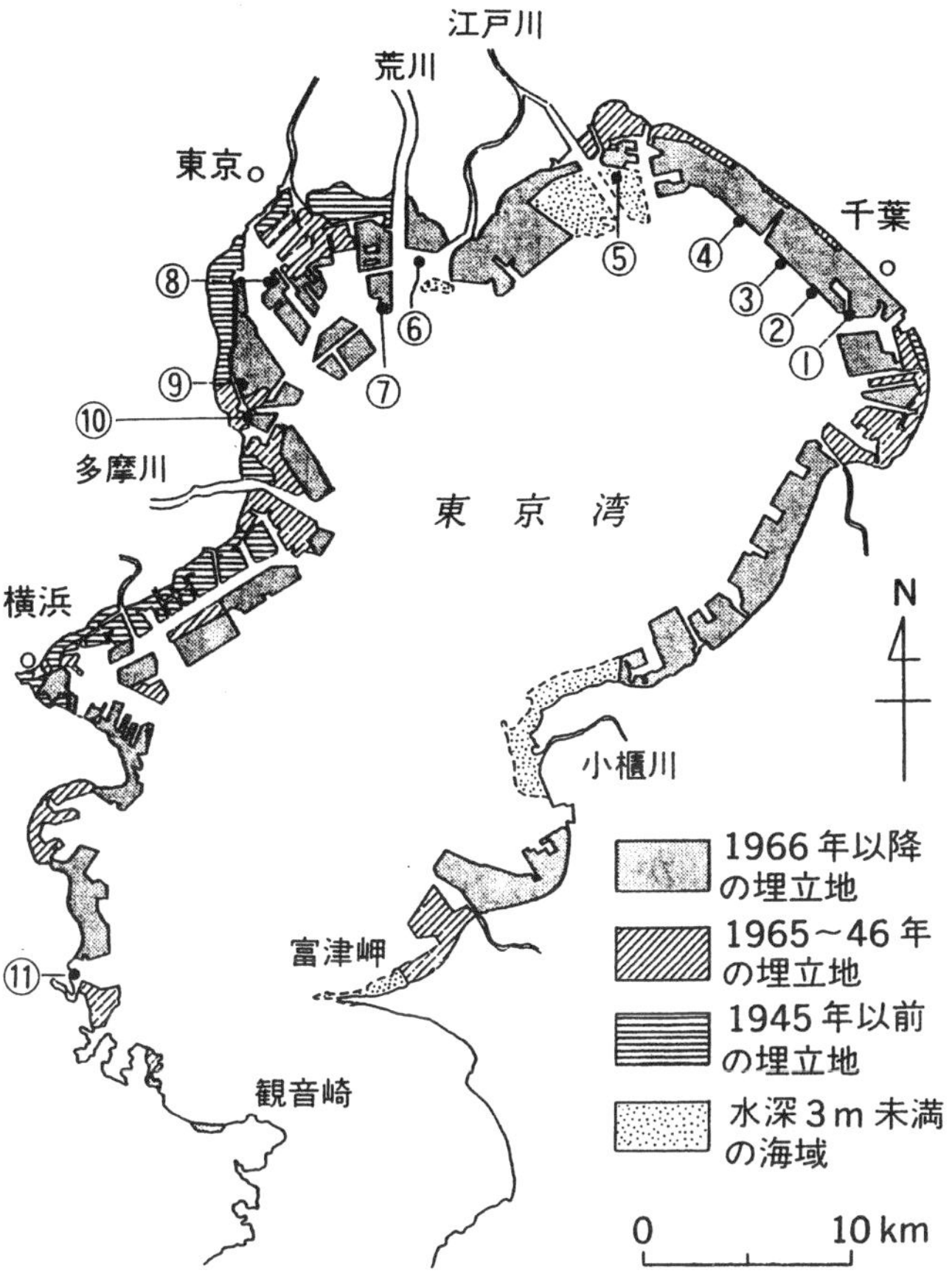

図4　東京湾岸における干潟・浅瀬、人工砂浜および埋立地の分布(12) 埋立地など
1. 1966年以降の埋立地、2. 1965～1946年の埋立地、3. 1945年以前の埋立地、4. 水深3メートル未満の干潟～浅海域

人工砂浜・磯浜

①千葉ポートパーク　②いなげの浜　③検見川の浜　④幕張の浜　⑤船橋市海浜公園　⑥葛西海浜公園　⑦若洲海浜公園　⑧お台場海浜公園　⑨大井ふ頭中央公園　⑩東海ふ頭公園　⑪横浜海の公園

表１　千葉県側につくられた人工渚

場所	①千葉ポートパーク	②いなげの浜	③検見川の浜	④幕張の浜	⑤船橋海浜公園
事業主体	千葉県	千葉市	千葉県	千葉県企業庁	千葉県企業庁
完成年次	1986	1975	1988	1979	1982
砂浜の延長(m)	450	1200	1300	1820	1160
砂浜の幅(m)	135（干潮時）	200	200	180 － 250	350
建設総費用（億円）	50	85	68	42	32.7

注：建設当時の建設費を示した（千葉県港湾統計より作成）

東京都には、人工海浜を持つ公園が５ヶ所：葛西海浜公園―⑥、若州海浜公園―⑦、お台場海浜公園―⑧、大井ふ頭海浜公園―⑨、東海ふ頭公園―⑩ある。１９７４年から建設が始まった葛西海浜公園の人工渚は、鹿島港の浚渫砂（16万㎥）及び前面の海底砂（10万㎥）で１９７４～75年に養浜された[14]。人工海浜は３つの部分から成り立っている[14]。葛西臨海公園（葛西海浜公園の陸地側の施設の正式名称）側に、野鳥のサンクチュアリー、臨海公園の沖合いの２つの弓形をした人工渚からなる。西なぎさは１９８９年に開放されたが、東なぎさは鳥獣保護地区に指定され立ち入りが禁止されている。人工渚の生物相は、砂の投下後比較的早い時期に、種類数は増加したが、[15]種ごとの個体数の隔たりが大きく、環境がやや単純であることを示している。

東京港の中心部に位置するお台場海浜公園の人工渚はもっとも人工的なものであろう。１８５３年に建設された第３台場と貯木場跡を巧みに利用したもので、北半部はウインドサーフィンに利用される静穏な水面をとりかこんで人工の砂浜が、南半部の海岸は湾奥のデルタ地帯には元々みられない人工の磯浜が作られ、１９７５年に開園した。人工渚をとりかこむ台場地区は、臨海副都心「レインボータウン」の中ではもっとも開発の進んでいる地域である。放送局を中心に、オフィスビル、ホテル、ショッピングモール、高層住宅群が人工渚を取り巻ている。１９８０年代の初期計画

写真１　多くの人でにぎわう第三台場からみたお台場海浜公園（2001.5.5　小池一之撮影）
人工砂浜と海浜公園の背後には、テレビ局から東北方向に、ウォーキングデッキを持つショッピング、レストラン街、高層アパート群がみられる。その背後にオフィスビルが見える。写真より南西方の磯浜背後の角地にホテルが立地している。

とはやや趣をことにするが、東京湾沿岸開発の新しいシンボルタウンで、ディズニーランドとともに修学旅行生徒のもっとも訪れたいスポットとなっている（写真１）。

金沢湾開発計画の中で残されたのが横須賀市と境を接する金沢八景地先の海浜で、１９７０年代始めまで横浜・横須賀市民の浜遊びの場所であった。ここに横浜市は、人工の島―八景島―を波よけとした人工砂浜をもつ横浜海の公園―⑪を建設した(図５)。岩石海岸の中のポケットビーチなので周辺から養浜に適した砂は得られないので、１９７５年に房総半島の山砂（１１０万㎥）を購入して養浜砂とした。山砂は一旦海底（図中Aを含む点線部）に沈め、１９７９年にサンドポンプで養浜した（B地点）。砂の値段は、１㎥当たり８９０円、養浜コストは同５１５円で、約８００mの養浜のみで約15億円の費用を要する事業であった[16]。

失われた自然を取り戻す（ミティゲーション）には多くの費用が必要である。東京湾全体で取り戻した人工海浜は14km足らずで、今後の増加はあまり期待できない。自然状態での東京湾の海岸線延長は１８０kmであった。現在、水際線延長は８００kmに達するが[17]、一般人が容易に立ち入れる海岸線はわずか60kmと言われる。港湾施設や人工島など複雑な海岸線の様子を伺うことができる。

逆に考えるならば、たった14kmの人工渚の存在が貴重なものとなってくる。埠頭として利用されていない工場用地の水際線にそって立ち入り可能なグリーンベルトを設け、直立護岸を修復時に緩傾斜護岸に返す努力が望まれる。

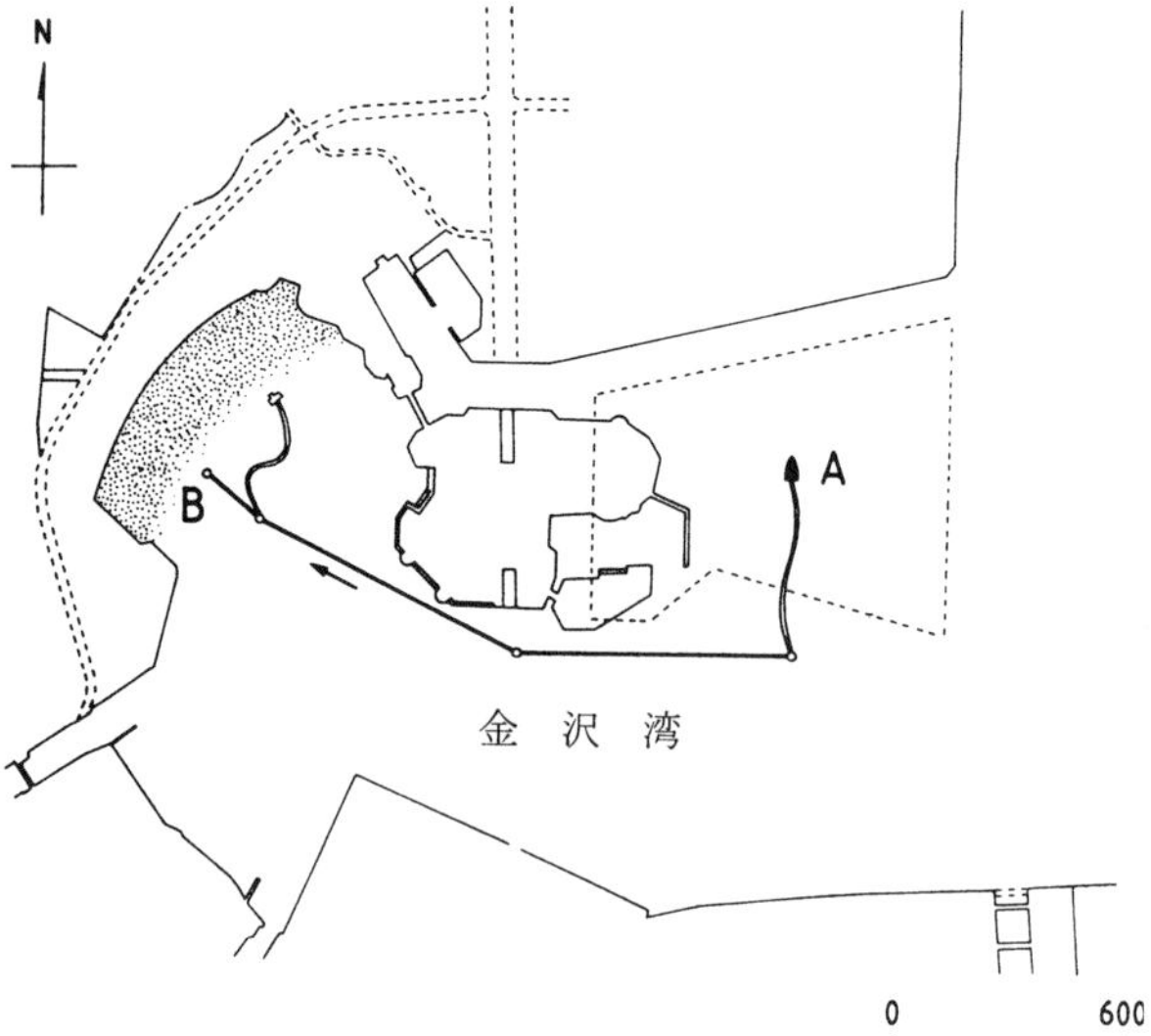

図5　横浜市金沢湾に作られた「海の公園」の人工海浜の施工過程の概念図(16)

六　地球温暖化にともなう海面上昇とその影響

海面の陸地に対する相対的な変化は検潮儀に現われる。潮位は過去1世紀の間、1.0〜1.5mm／年ほどの速度で上昇したとの報告が多い[18]。一方では、最近50年間には、2.4±0.9mm／年の速度で上昇していると報告があり[19]、その原因としては、海洋表層水の熱膨張は最大に見積もっても25%ほど寄与するのみで、残りの原因は山岳氷河や氷床の融解によるものと予想している。この原因として、二酸化炭素などの増加による「温室効果」の結果、地球規模での温暖化とそれにともなう氷床の後退による融氷水の海洋への流入や、表層水温の上昇による海水の体積膨張などに海面上昇の原因を求めることが多い[20]。海面は気候変化の計深棒(dipstick)であるともいわれている。地球温暖化にともなう海水準上昇問題に対し、最初に組織的な研究・調査に取り組んだのはアメリカ環境保護庁（ＥＰＡ）であろう。それは、アメリ大西洋岸の海岸では、過去１世紀の間に海面が相対的に30㎝ほども上昇し、大規模な砂浜海岸線の後退が報告されているからとも思われる[21]。

「気候変動に関する政府間パネル（ＩＰＣＣ）」は、二酸化炭素などの温室効果ガス排出量規制があまり進まない場合、海面は２０３０年までに18㎝（８～29㎝）、２１００年までに66㎝（31～１１０㎝）ほど上昇すると予測した[22]。その後、温室効果ガス排出とそれにともなう気温上昇に関するＩＰＣＣが１９９２年に修正したシナリオ[23]に基づく計算では、西暦２１００年までに海面は48㎝の上昇に留まると考えられた[24]。これらの成果は、ＩＰＣＣの第二次報告報告[25]に取り入れられ、海面は２１００年までに13～94㎝上昇すると予想された。なお、現在インターネット上に掲載されているＩＰＣＣの第三次アセスメントでは、海面は２１００年までに９～88㎝ほどの上昇にとどまると予想している。

海面上昇は、地形学の立場から考えると海岸地域の沈水と同様の影響を与えるものである。世界各地の海岸にさまざまな深刻な影響を及ぼすものと思われる。１００年ほど後に起こると予想されている50㎝弱の海面上昇にともなうインパクトは、日本では、過去数十年間に進行した地盤沈下がもたらした沖積平野の変貌と種々の災害防止策の強化が教訓となるだろう。地下水や水溶性天然ガスの過剰な汲み上げで起きた地盤沈下で海面下の土地（いわゆるゼロメートル地帯）が形成された。これらの低地はいずれも日本有数の人口密集地帯や工業地帯、または、最も生産性の高い稲作地帯となっている。もともと、自然に陸化したか、干拓や埋立てによって形成された低平な排水不良地が多く、地盤沈下が進行しなくとも、なんらかの防災施設を必要とする土地であったことは明らかである。これらの低地は、現在、防潮堤と排水施設により海水の侵入を防いでいる。これらのゼロメートル地帯では、地盤沈下が完全に止まったわけではない。前記した海面上昇予測値と合算すれば、近い将来防災施設の大規模な強化が必要となろう。

地球温暖化とそれにともなう海面上昇は、台風襲来時に内湾地域の高潮偏差を増強し、一方で、地下水位の上昇が地震時の地盤液状化をより容易にするものと思われる。台風の強度がやや強くなり[26]（９２５mb）、海面上昇量を65㎝と設定したＩＰＣＣの１９９０年アセスメントに基づくシミュレーションでは、東京湾奥では0.9から1.5ｍの水位上昇が予想された。建設省でもこの問題を検討し、種々の対策を講じ始めている。現在、東京湾のゼロメートル地帯はA.P.プラス５～８ｍの高さを有する防潮堤によって守られている。これらの地域では、現在、地盤沈下の速度はきわめて緩慢となりほぼ安定した状態であるが、１００年後に予想される海水準上昇（その量が50㎝弱であっても）と高潮偏差の増大とによって２ｍ近い防潮堤の嵩上が必要と思われる。このため、堤の体積は二倍程になり、防潮堤建設地の地盤地質の耐震性や必要用地の買収問題などを考慮すると、嵩上にはかなりの時間とコストを必要とするになる予想される。[27]

さらに、海面上昇にともなう地下水位の上昇は、液状化が起こり得ない不飽和砂質土を液状化しうる飽和土に変化させる場合が起き、地下水の浮力による構造物の浮き上がりや荷重の偏在などが起こりうる。[28]現在、地下深くに建設され新幹線上野駅で、地下水位上昇にともなうホームの浮き上がり防止策が進んでいる。これも地球温暖化にともなって臨海部が経験する現象の先取りとも考えられる。

地球温暖化にともなう海面上昇に関するこれまでの推測は、西南極やグリーンランド氷床の崩壊が少なくとも21世紀中には進展しないとの前提に立っている。[29]西南極やグリーンランド氷床の崩壊（ともに５～７ｍの海面上昇を引き起こす）がより近い将来（少なくとも数百年の猶予はあるが）急速に進行するならば、これまで人類が長い年月をかけて開発してきた臨海都市、港湾、工業地帯や農耕地の放棄が、世界各地で発生する可能性すら心の片隅にとめておく必要があるだろう。地球温暖化にともなう海水準上昇抑制問題は、今後ともきわめて重要な政策課題であると考える。

注1　A.P.とは荒川霊岸島量水標原点。A.P. 0m＝T.P. − 1.134mで東京湾の朔望平均干潮位にほぼ等しい。

文献

（1）太田陽子・松島義章・海津正倫（１９８８）日本列島の縄文海進高頂期の海岸線図について　地図　26巻　25—29頁
（2）久保純子（１９９４）東京低地の水域・地形の変遷と人間活動　大矢雅彦編『防災と環境保全のための応用地理学』古今書院　１４１—１５８頁
（3）久保純子（２０００）東京湾の成立過程　貝塚爽平・小池一之・遠藤邦彦・山崎晴雄・鈴木毅彦編『関東・伊豆小笠原』日本の地形４　東京大学出版会　２１１—２１４頁
（4）清水恵助（１９８３）東京港における埋立地について—埋立地の地質学的考察　地質学論集　23号（都市地質学—その現状）　１４１—１５４頁
（5）環境庁（１９８５）第3回自然環境保全基礎調査・海岸調査の結果　10頁＋付表
（6）大矢雅彦（１９９６）高潮を知る・防ぐ　大矢雅彦・木下武雄・若松加寿江・羽鳥徳太郎・石井弓夫著『自然災害を知る・防ぐ』古今書院　１２４—１６０頁
（7）小池一之（１９９７）人は海岸をどう変えたか　小池一之・太田陽子編『変化する日本の海岸』古今書院　１５７—１７１頁
（8）若松加寿江（１９９４）地震時の地盤の液状化と地形　大矢雅彦編『防災と環境保全のための応用地理学』古今書院　１７４—１９０頁
（9）Koarai, M., and T. Nakayama (1996) The geologic and topographic conditions of reclaimed lands affecting the distribution of liquefied sites : a case study on the coastal area of Tokyo Bay by the 1987 East Off Chiba Prefecture Earthquake. *Jour. Japan Assoc. Coastal Zone Studies*（日本沿岸域学会論文集）, No. 8, pp. 53-64.
（10）Koike, K (1990) Artificial beach construction on the shores of Tokyo Bay. *Jour. Coastal Res., Supecial Issue*, No.6, pp.45-54.
（11）岡田智秀・横内憲久・桜井慎一・矢川隆史・村田利治・稲田雅裕（１９９５）東京港臨海部におけるパブ

リックアクセスに関する評価　日本沿岸域会議論文集　7号　11—21頁
（12）小池一之（１９９７）『海岸とつきあう』岩波書店　１３１頁
（13）菅原兼男（１９８０）稲毛人工海浜（いなげの浜）の造成について　水産土木　13巻2号　29—35頁
（14）渡辺隆夫（１９８８）東京　葛西海浜公園について　港湾　65巻8号　36—40頁
（15）小河原孝生（１９９４）人工渚の生物　中村和郎・小池一之・武内和彦編　『関東』日本の自然　地域編3　岩波書店　１４６—１４８頁
（16）田中常義（１９８０）海の公園の人工海浜及び背後園地の造成計画と施工について　月刊建設　24巻12号　47—58頁
（17）環境庁（１９９５）第４回自然環境保全基礎調査「海岸調査」の結果（中間とりまとめ）　16頁＋参考資料5頁
（18）Gornitz, V. (1993) Mean sea level changes in the present past. In Warrick, R. A., E. M. Barrow and T. M. L. Wigley eds. *Climate and Sea Level Change : Observations, Projections and Implications*. Cambridge Univ. Press, Cambridge, pp.25- 44.
（19）Peltier, W. R. and A. M. Tushingham(1989) Global sea level rise and greehouse effect : Might they be connected?. *Science*, **244**, pp.806-810.
（20）Leatherman, S.P.(1991) Sea level and society. Proceedings of the International Conference on Climatic Impacts on the Environment and Society(CIES)(WMO/TD-No. 435), B.39-43.
（21）Leatherman, S. P., T. E. Rice and V. Goldsmith(1982) Virginian barrier island configuration :A Reappraisal. *Science,* **215**, pp.285-287.
（22）Warrick, R. and J. Oerlemans(1990) Sea level rise. In Houghton, J. T., G. J. Jenkins and J. J. Ephraums eds. *Climate Change : The IPCC Scientific Assessment*. Cambridge Univ. Press, Cambridge, pp.261-281.
（23）Houghton, J. T., B. A. Callander and S. K. Varney eds.(1992) *Climate Change 1992 : The Supplementary Report to the IPCC Scientific Assessment*. Cambridge Univ. Press, Cambridge, 200p.
（24）Wigley, T. M. L. and S. C. B. Raper(1993) Global mean temperature and sea level projections under the 1992 IPCC

emissions scenarios. In Warrick, R. A., E. M. Barrow and T. M. L. Wigley eds. *Climate and Sea Level Change : Observations, Projections and Implications*. Cambridge Univ. Press, Cambridge, pp.401-404.

（25） Houghton, J. T., L. G. Meira Filho, B.A. Callander, N. Harris, A. Kattenberg and K. Maskell eds.(1996) *Climate Change 1995 The Science of Climate Change : Contribution of WG1 to the Second Assessment Report of the Intergovermental Panel on Climate Change*. Cambridge Univ. Press, Cambridge, 2572p.
（なお、IPCC WG1 の Third Assessment Report - Summary for Pollicymaker は IPCC のホームページに掲載されている）

（26） 筒井純一・磯部雅彦（１９９２）地球温暖化後の東京湾における高潮の予測　日本沿岸域会議論文集 ４号 ９—19頁
磯部雅彦（１９９２）地球温暖化の海岸への影響と対応策　海岸　32巻２号　２—９頁

（27） 篠田　孝（１９９０）地球環境問題に係る海岸の諸問題　海岸　30号　５—10頁
嶋村春生・大嶋英実（１９９０）東京湾の高潮対策と今後の展望　海岸　30号　１１１—１２１頁

（28） 若松加寿江（２０００）ウォーターフロント地盤の問題点と海面変動の影響　日本地理学会発表要旨集　57号　１１２—１１３頁

（29） Oerlemans, J.（1993) Possible changes in the mass balance of the Greenland and Antarctic ice sheets and their effects on sea level. In Warrick, R. A., E. M. Barrow and T. M. L. Wigley eds. *Climate and Sea Level Change : Observations, Projections and Implications*. Cambridge Univ. Press, Cambridge, pp.144-161.

7

大阪湾の地域計画、その中期及び長期的未来

ハーヴィ・シャピロ

大阪湾[1]は他のものにかえがたい貴重な生きている自然環境であるにもかかわらず、今は未来への計画もなきに等しい海面の無謀な埋立て事業や、他の環境汚染によって危機に陥っている。この貴重な大阪湾の環境をこれ以上破壊せずに未来へつなぐことはできないものか。サスティナブル（永続可能な）[2]未来を保証するには、湾及びその周辺の環境に関する知識と、長期的体系的なアプローチが不可欠であることは言うまでもない。ここでそのアプローチの一つを紹介したい。

一　方法論と内容

ここで使用されている計画手法はエコロジカル・プランニング[3]という。エコロジカル・プランニングは1960年頃アメリカのペンシルヴェニア大学の地域環境計画教授I．L．マクハーグによって体系づけられた。エコロジカル・プランニングとは、母なる自然に学ぶ方法の一つであり、「自然に聞く」ことによって、どこで、どのように自然に適応するのがベストであるかを把握しようというものである。ベスト（最適）とは、人間及び自然双方にとって有害要因がより少なく、有益要因がより多く集中している土地利用立地条件である。

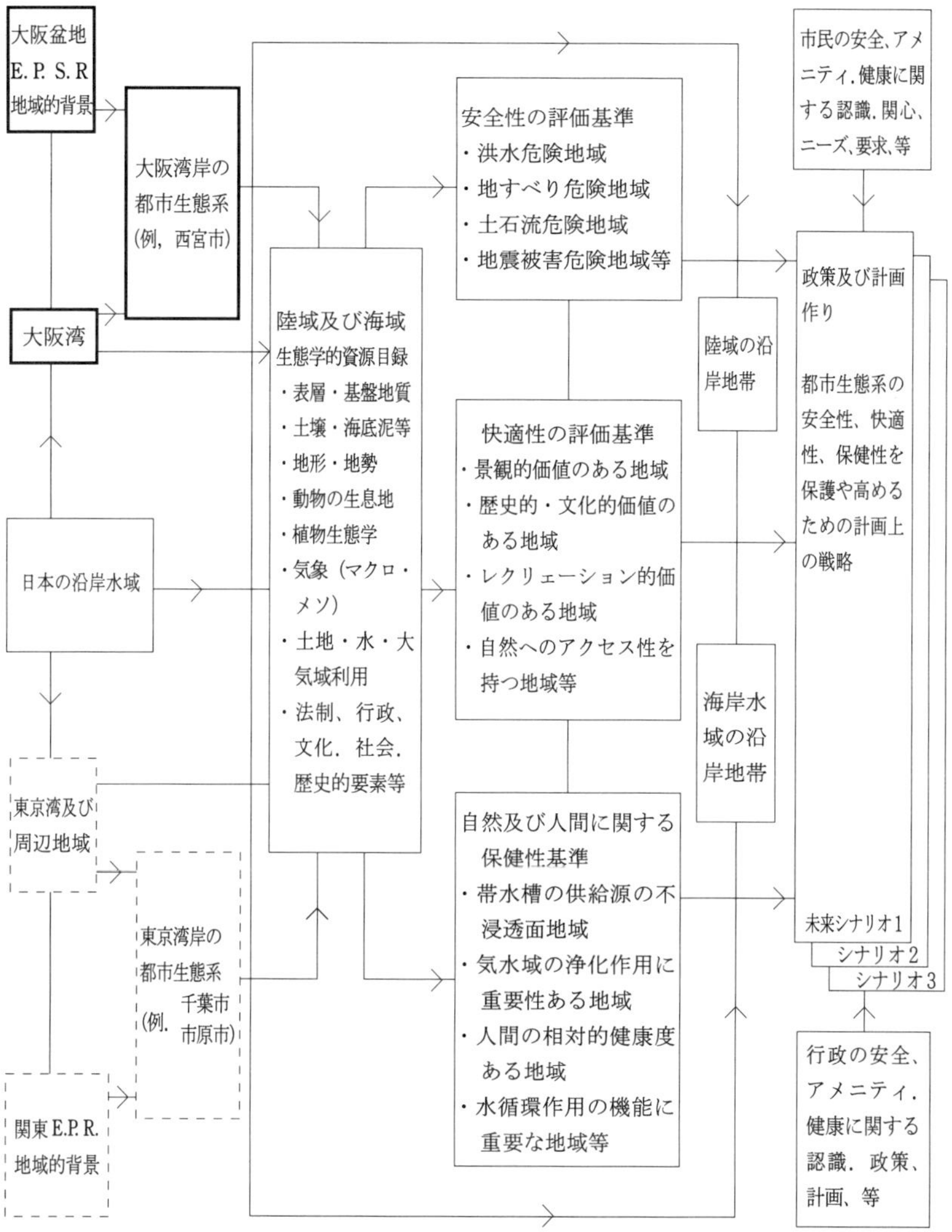

第１段階	第２段階	第３段階	第４段階	第５段階
国土及び広域(地域)生態学的背景	生態学的資源目録	環境利用適性評価の基準図作成	沿岸地帯の設定	計画・政策戦略の代案

図１　湾岸都市生態系の環境計画に関する研究、フローチャート

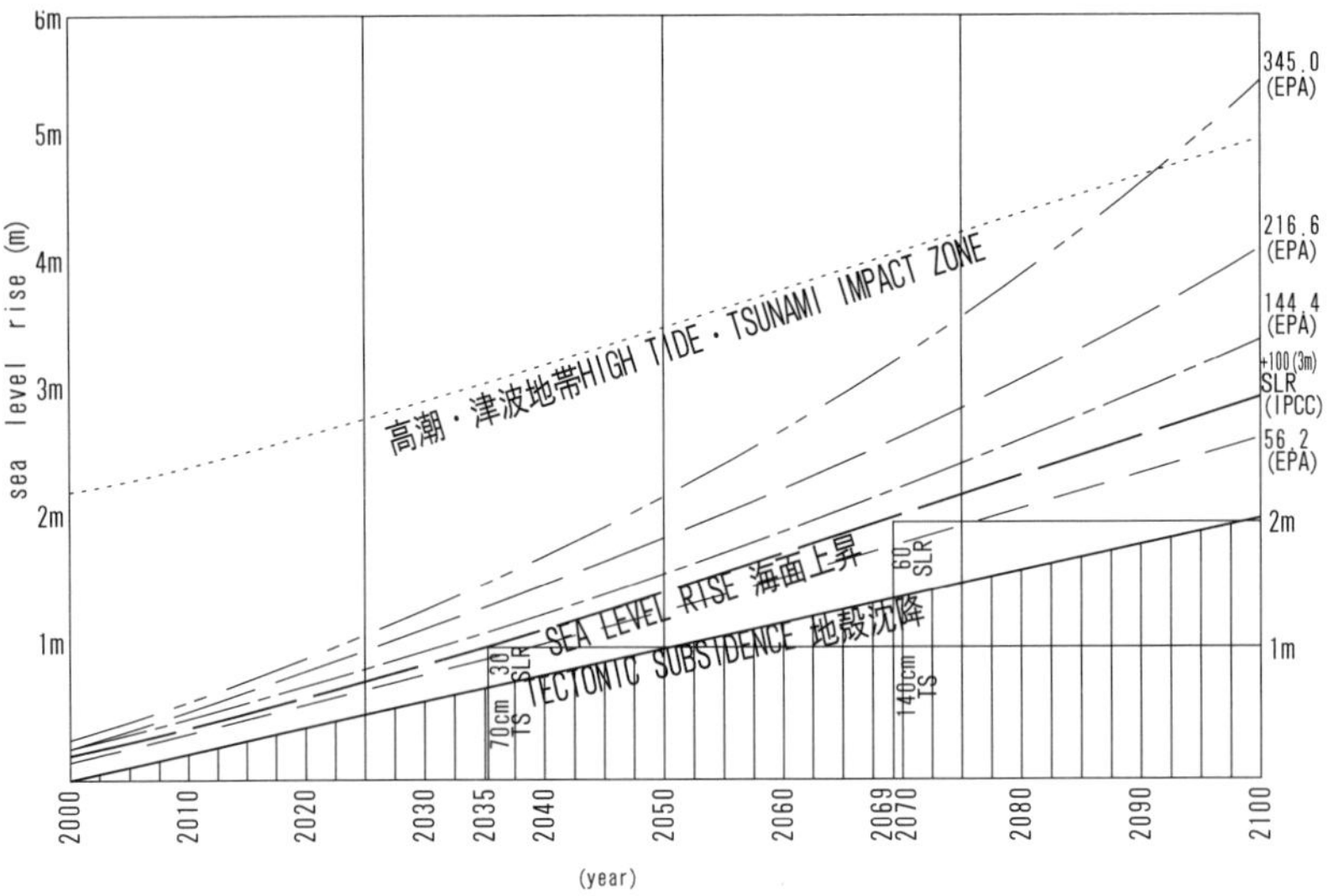

図２　大阪盆地における予測されている地殻沈降にともなう海面上昇モデル
図中ＥＰＡはアメリカの環境保護庁，IPCC は気候変動に関する政府間パネル

このような考えのもとに、大阪湾のリージョナル・プランニング（地域計画）を目指した。この方法は、次の５段階からなる（図１）。

対象地域の設定

大阪湾は閉鎖性気水域であるので、湾に流れ込むすべての河川が含まれている地域を対象にすべきである。そのためにこの研究ではとりあえず、大阪盆地を対象にした。

地域の分析

この段階には、対象地域の自然及び社会的要素（データ・ベース）を共通スケール（縮尺）で地図化する。そのデータ・ベースに含まれる地図データは地質図、地形図、土壌図、水理・水文図、動植物分布図、気象データ及び土地利用図、交通網図、と文化財分布図等である。

計画のための立地基準

第２段階で作成したデータ・ベースを解釈して、未来

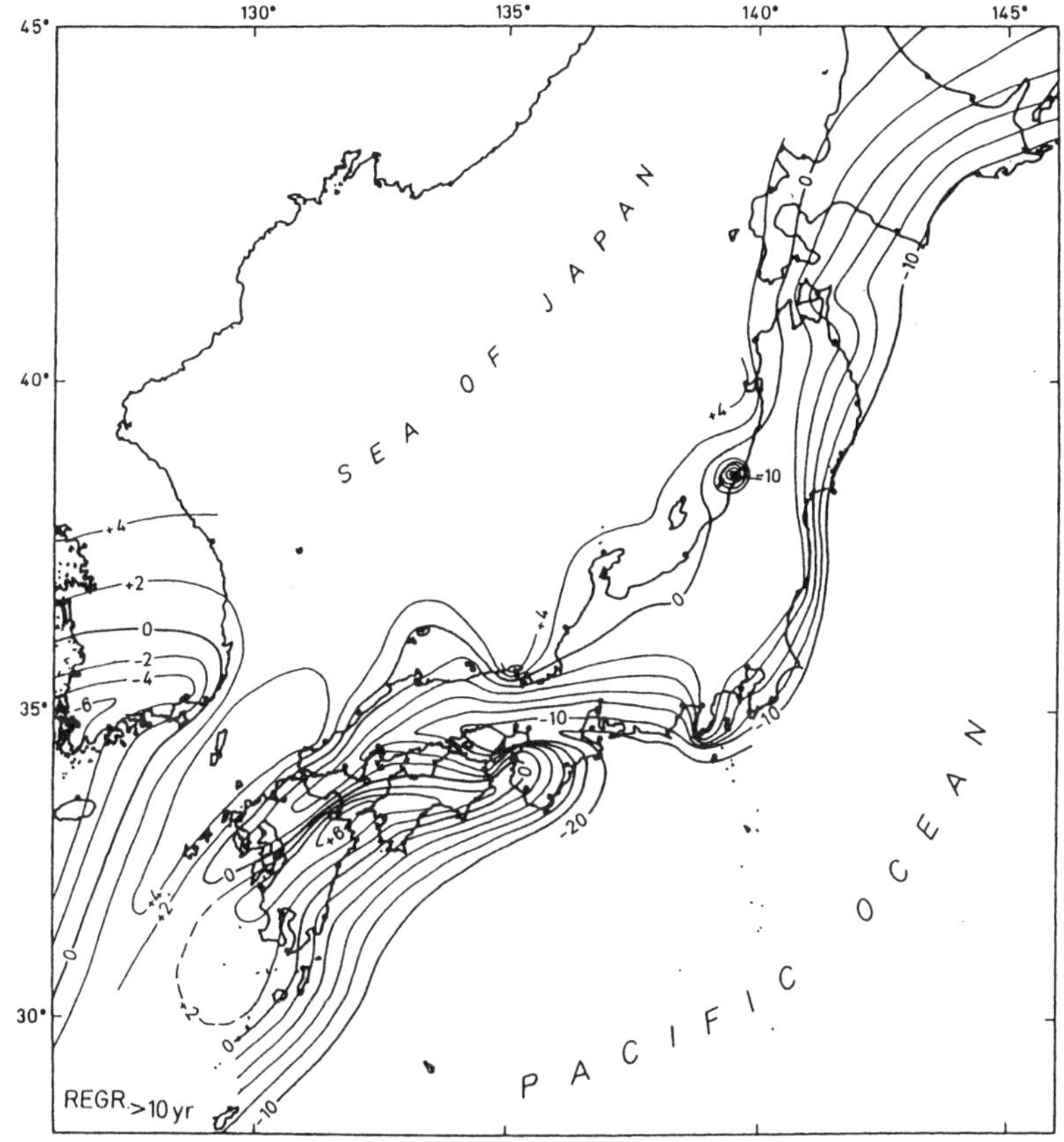

図3　日本における海面比陸の隆起・沈降年間量図[4]

の土地と水域利用の立地適性を計るための基準図を作成する。災害関係の基準としては、地震による被害可能性図、洪水による被害可能性図、地すべりによる被害可能性図等である。健康関係のものとしては、気流域（大気汚染による被害可能性図）、帯水層の涵養性図（地下水の汚染されやすい地域）等である。そしてアメニティ関係のものとしては、景観的価値図、文化的価値図、歴史的価値図等である。

図2では、２１００年までの海面上昇を予測した。その仮定として、毎年おこっていると発表された10～20㎜の自然沈降[4]と、ＩＰＣＣ[5]による今後１００年間に地球温暖化によっておこると

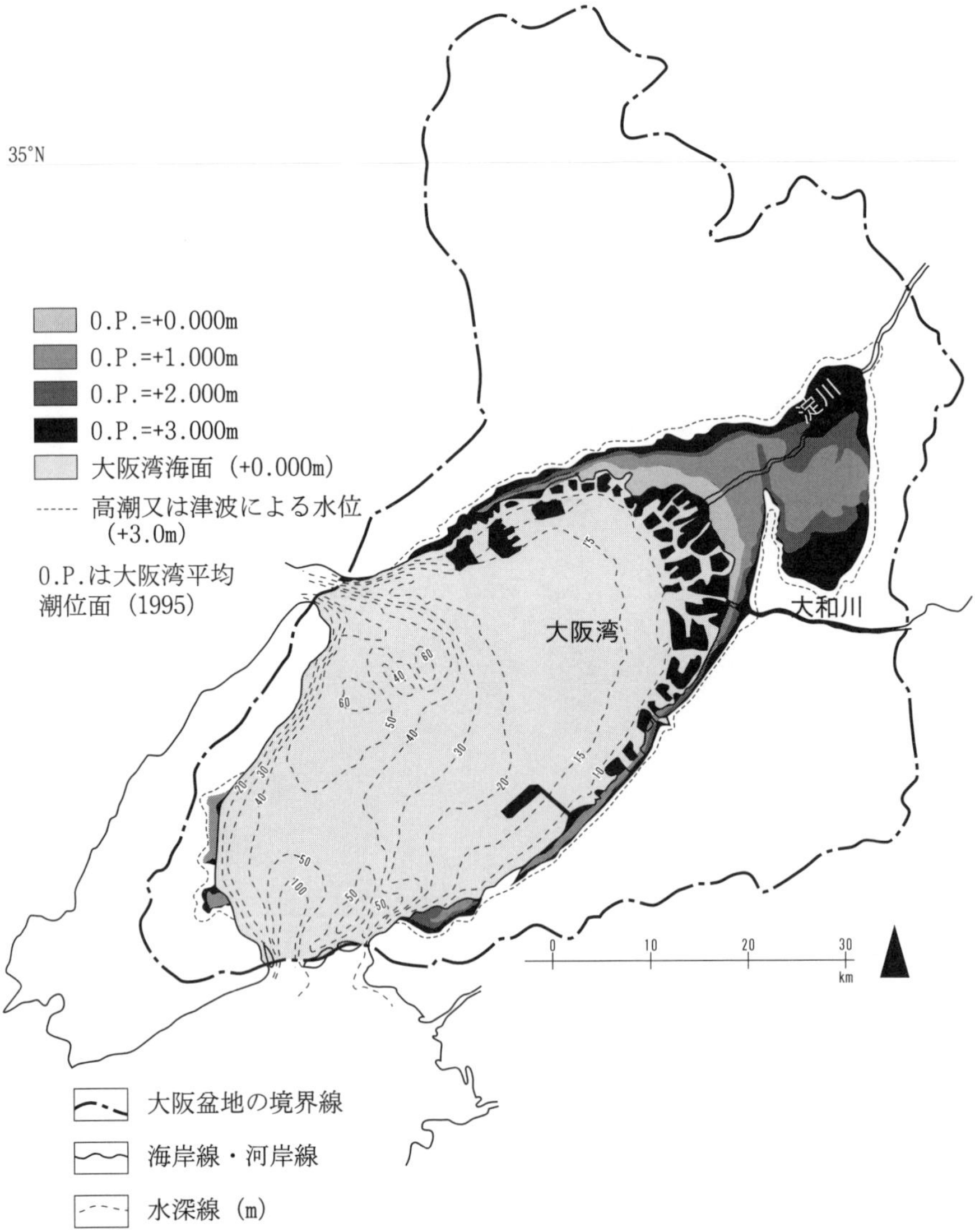

図4　海面上昇による被害可能区域（2100年まで）

土地・水域利用 / 評価基準		陸域								沿岸地帯※								海域						
		住宅地	工業地	農地	林地	施設レクリ	自然型レクリ	エネルギー施設	他	住宅地	工業用地	港湾施設	漁業施設	施設型レクリ	自然型レクリ	エネルギー施設	他	埋め立て地	住宅	港湾域	漁業等	ボート・ヨット	他の海洋レクリ	他
安全性	地震・津波による被害可能性	X	X	＋	＋	O	＋	X		X	X	X	O	O	＋	X		X	X	O	O	O	O	
	洪水・高潮による被害可能性	X	X	O	＋	O	＋	X		X	X	O	O	X	＋	X		X	X	O	O	O	O	
	地すべりによる被害可能性	X	X	O	＋	X	＋	X		X	X	O	O	X	＋	X					NA			
	海上爆発・火災（ＬＮＧ）による被害可能性	X	X	＋	＋	X	＋	X		X	X	X	O	X	＋	X		X	X	X	X	X	X	
	他																							
快適性	景観的価値ある地域	O	X	O	＋	O	＋	X		O	X	X	O	O	＋	X		X	O	X	O	＋	＋	
	学術的に重要な地域	X	X	X	O	O	O	X		X	X	X	O	O	O	X		X	X	X	O	O	＋	
	歴史的・文化的価値ある地域	O	X	O	O	O	＋	X		X	X	X	O	O	＋	X		X	X	X	O	＋	＋	
	教育的価値ある地域	O	X	O	O	O	＋	X		X	X	X	O	O	＋	X		X	X	O	O	O	O	
	他																							
保建性	帯水層の供給源として重要な地域	X	X	O	O	O	＋	X		X	X	X	＋	O	＋	X		X	X	O	O	＋	＋	
	生物的生産性の高い地域	X	X	X	O	X	O	X		X	X	X	＋	O	＋	X		X	X	X	＋	＋	＋	
	汚染されやすい大気域（気流域）	X	X	O	＋	O	＋	X		X	X	O	＋	O	＋	X		X	X	O	＋	＋	＋	
	他																							

図６　湾及び周辺地域における土地・水域利用に対する制約条件の度合い度

記号
X ＝厳しい制約条件
O ＝制約条件がやや厳しい
＋ ＝制約条件が少ない
NA ＝当てはまらない

予測されている約１ｍの海面上昇である。その結果は図２、図３で示されているグラフとそれらに基づいた地図（図４）である。

沿岸域の設定

コースタル・ゾーン、いわゆる沿岸域というのは、陸域と水域が互いに強く影響を与える地帯である。それを設定するためには、第３段階で作成した「水に強い関係のある基準図」つまり津波による被害可能性図、洪水による被害可能性図、帯水層の涵養性、文化的価値図、生物的生産性図と景観的価値図などを重ね合わせて関係を計る。その結果は図５で示されている。そして、その沿岸域における未来の土地利用に対する水質と水量及び生態系を守るための規制の度合いを図６に表としてまとめた。

大阪盆地の未来シナリオ

この一連の研究の最終段階として、中期（21世紀の中ばまで）、そして長期（21世紀末まで）の計画構想を作成

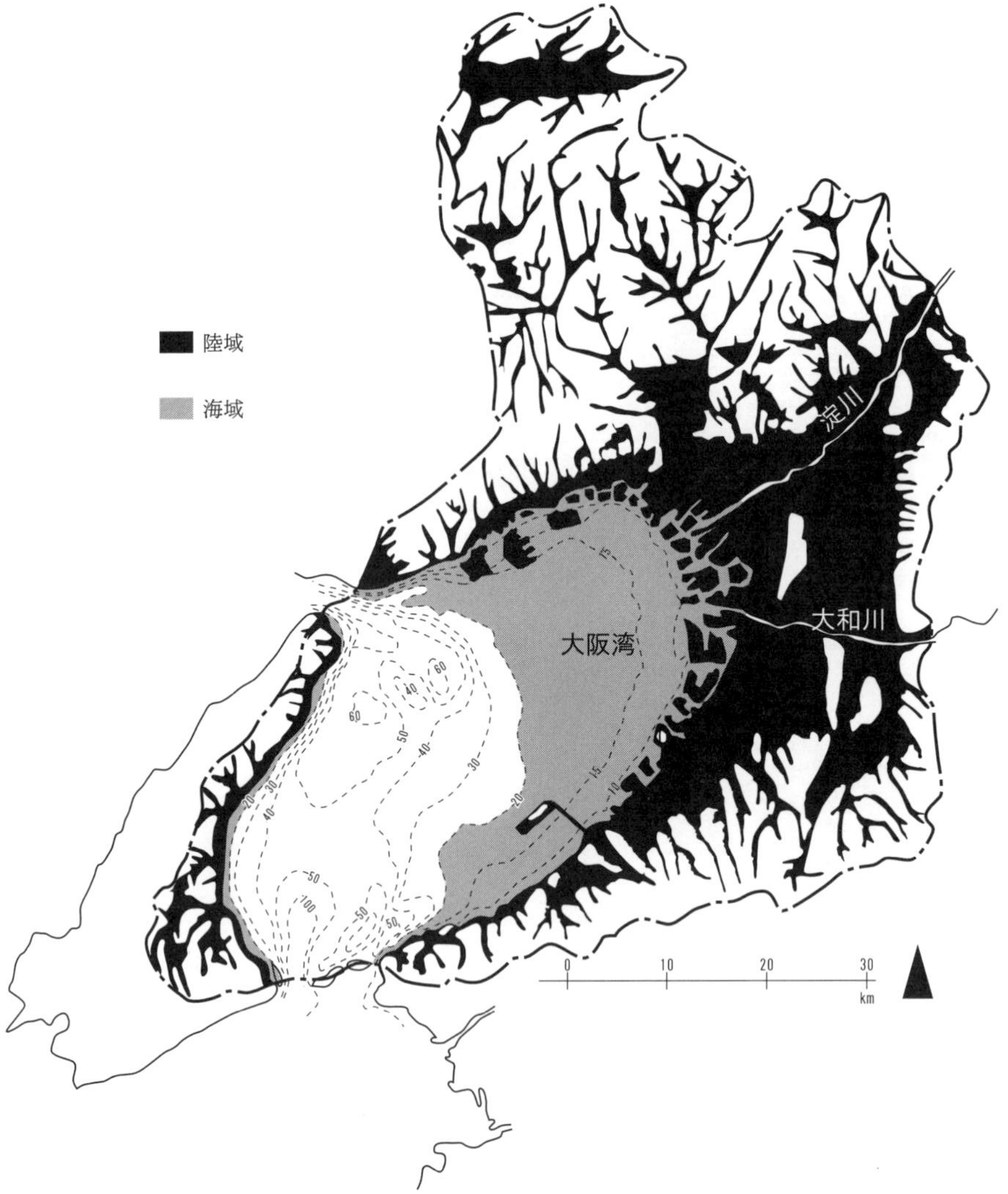

図5　湾及び周辺地域の沿岸地帯図

してみた。この構想には、未来の土地及び水域利用を次の４つに分類した。

(a)構造物をともなう利用（例えば、住宅、商業等）

(b)一次産業関係の利用（とくに農・水産業）

(c)レクリエーション関係の利用（とくに自然型レクリ）

(d)交通利用（主に陸上と水上型）

そして計画に必要不可欠の土地及び水域利用の優先順位を住民の側にたって検討した結果、次の順位を望んでいると推測した。その主な理由は、生態系の生物的生産性（農林水産の可能性）の維持する発展（土地・水域利用）がサスティナブル・ディベロップメント（永続可能な発展）の重要な原則であるので、まず一次産業を最優先にする。そして、それに最も両立するのはレクリエーションであるので次の順位にした。

(1)一次産業（最優先）

(2)レクリエーション利用

(3)構造物をともなう利用

これらの利用を上記の評価基準に基づいて、まず土地利用分類別の立地適性評価をおこなった。そして上記の優先順位によって両立する土地利用及び両立する水域利用をはかり、複合立地適性評価をおこなった。その結果によって、さまざまなサスティナブルな地域計画案が可能になる。これらから次の２つの構想を立案してみた。

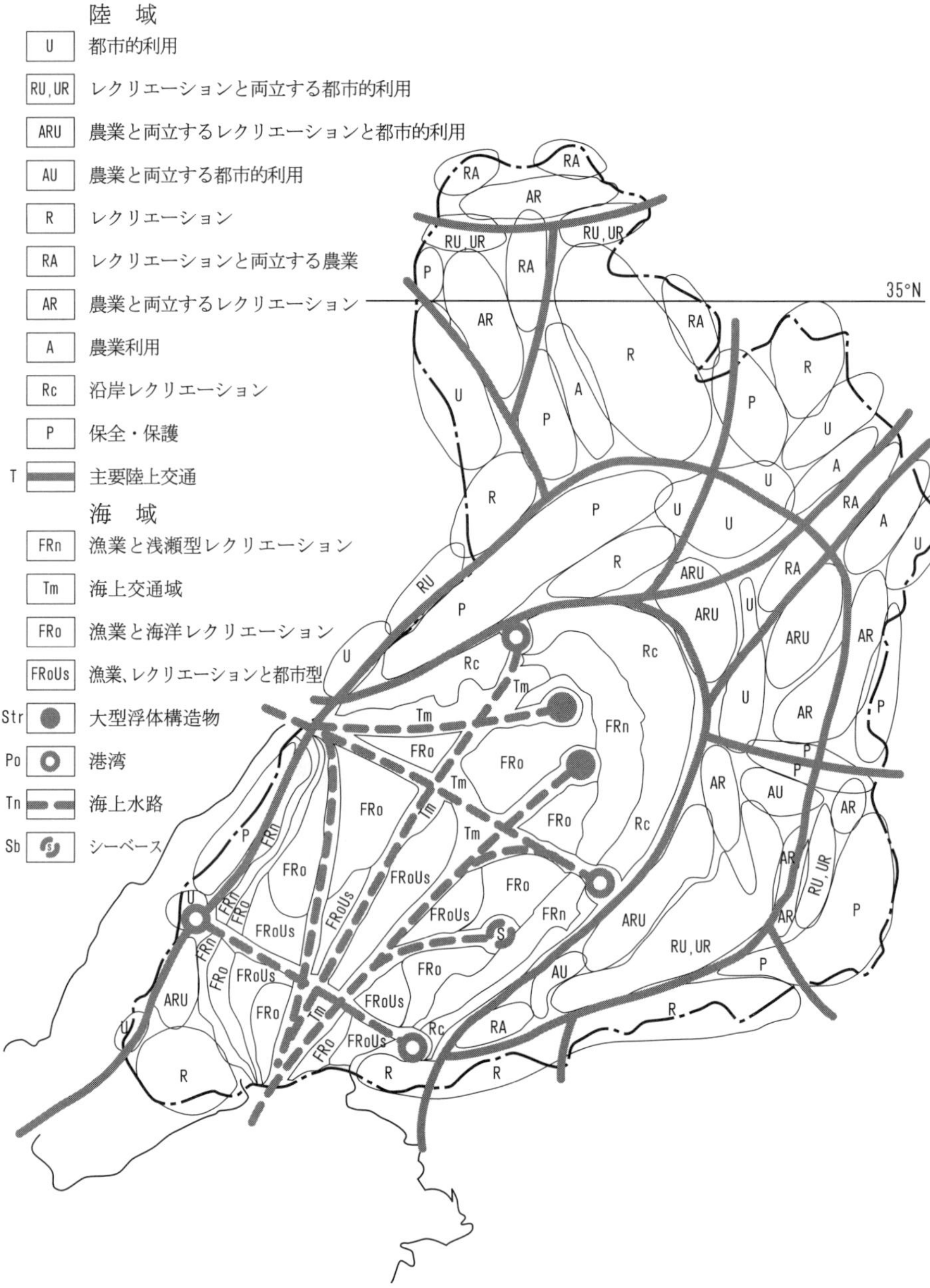
陸　域
U 都市的利用
RU, UR レクリエーションと両立する都市的利用
ARU 農業と両立するレクリエーションと都市的利用
AU 農業と両立する都市的利用
R レクリエーション
RA レクリエーションと両立する農業
AR 農業と両立するレクリエーション
A 農業利用
Rc 沿岸レクリエーション
P 保全・保護
T 主要陸上交通
海　域
FRn 漁業と浅瀬型レクリエーション
Tm 海上交通域
FRo 漁業と海洋レクリエーション
FRoUs 漁業、レクリエーションと都市型
Str 大型浮体構造物
Po 港湾
Tn 海上水路
Sb シーベース
35°N

図7　地域計画構想図その1（2050年ごろまで）

二　中期的未来の構想

この構想（図7）は21世紀のなかばごろのためであり、約１４０cmの海面上昇の予測を仮定した立案である。そのため、海に面する地域はおもにレクリエーションや他のソフトな利用を、そして浅い湾域がおもに漁業や水上や水中レクリエーションを中心とした利用を考えている。さらに、少なくとも2つの中大型浮体構造物が沖合いに停泊する。その時代になって、多くの埋立地は海面上昇等のため使えなくなるので、撤去されはじめると見ている。そして、海面上昇などで、海岸地域の利用者の一部は内陸部への移転も始まると考える。

三　長期的未来の構想

この構想（図8）は21世紀末のためであり、約３００cmの海面上昇の予測を仮定した立案である。そのため、海は内陸まで相当な距離進入して、今とかなりちがう海岸線、いわゆるウォーターフロントを要すると考える。新しい港やマリーナはじめ、数多くの大型や中型浮体構造物が沖合いに停泊する。現在の埋立地のほとんどは海面下に沈み、浅い海の利用として、新型漁業や新型海岸レクリエーション等のソフトな利用を予測できる。さらに、21世紀中ばにあった多くの海岸ぞいの構造物をともなう利用は、沖合いの浮体構造物または内陸の丘陵や山間部まで移転するであろう。バイオシェルター[6]、いわゆる都市型一次産業構造物も広く使われると考えている。大阪市域は内陸移転とともに、周囲の市町の多くと合併して、今

U	都市的利用
RU, UR	レクリエーションと両立する都市的利用
ARU	農業と両立するレクリエーションと都市的利用
AU	農業と両立する都市的利用
R	レクリエーション
RA	レクリエーションと両立する農業
AR	農業と両立するレクリエーション
A	農業利用
Rc	沿岸レクリエーション
P	保全・保護
T	主要陸上交通

FRn	漁業と浅瀬型レクリエーション
Tm	海上交通域
FRo	漁業と海洋レクリエーション
FRoUs	漁業、レクリエーションと都市型
Str	大型浮体構造物
L	海・陸交通リンク
Tn	海上水路
M	マリーナ
PS	港付き大型浮体構造物
Bt	海底トンネル又は大橋

図８　地域計画構想図その２（2100年ごろまで）

とちがう面積のかなり広い大都市になると考えられる。

四　50～１００年先を見越した集水域アプローチ

昨今、地球環境問題は、ごく日常的な話題になった。しかし、日常の話題としては、地球環境問題は、とても大きい。このように重要な問題は広い視野を持ちじっくりと、最良の方策を立てなければ解決の道は開けない。１９６０年代末、地球の長期未来を予測した研究グループ、ローマ・クラブは、１９７２年に「The Limits to Growth」という本を出版し、注目をあびた。この本は日本では、「成長の限界」[7]というタイトルで出版されている。その20年後、「Beyond the Limits」「限界を超えて」[8]と書名を少し変えて改訂版が出されたが、その中で、ローマ・クラブの研究者は、２１００年までを見通せる視野の必要性を指摘している。さらに、国連のＩＰＣＣ（気候変動に関する政府間パネル）にも、地球温暖化やそれによる影響に関する多くの長期予測も少なくとも21世紀末を視野に入れながら、そのうえ早急な対策も必要であることを強調している[9]。

今後の温度上昇にともない海水面が４ｍ程度上がる可能性も考えられ[10]、台風など熱帯低気圧が多発すること[11]によって、洪水などの水害も土砂災害なども増加する予測もできる。以上のような理由のため、広域的、いわゆる集水域アプローチを試みたが、そのうえに50年及び１００年先の未来に対する先見の明が求められる。ここで示したアプローチと大阪盆地に関する実例は先見の明でおこなった。地域住民の皆さんに、大阪湾ひいては環境に対して考える刺激になれば、幸いです。

文献

（1）朝日新聞大阪本社社会部編（１９８２）『都会の海はいま』幻想社

（2）環境と開発に関する世界委員会（１９８７）『Our Common Future 地球の未来を守るため』福武書店

（3）イアン・L・マクハーグ（１９９４）『Design With Nature デザイン・ウイズ・ネーチャー』集文社

（4）Emery, K. O. and Aubrey, D. G.（1991）*Sea Levels, Land Levels, and Tide Gauges*. Springer-Verlag, p.107-114.（by permission）

（5）I. P. C. C, Response Strategies Working Group (1992) *Global Climate Change and the Rising Challenge of the Sea*. Min. of Transport, Public Works and Water Management, the Nether lands.

（6）トッド、N. and トッド、J.（１９８９）『バイオシェルター、エコロジカルな環境デザインをもとめて』工作舎

（7）D.H. メドウズ他著（１９７２）ローマ・クラブ人類の危機レポート『成長の限界』The Limits of Growth、ダイヤモンド社

（8）D.H. メドウズ他著（１９９２）『限界を超えて』ダイヤモンド社

（9）朝日新聞（２００１年４月11日付）早めの一手が地球を救う

（10）朝日新聞（１９９８年９月19日付）編集長インタビュー、温暖化進めば海面が４メートル上がる可能性も

（11）朝日新聞（２００１年４月11日付）気温上昇日本にも影響

8
マニラ首都圏の拡大と沿岸地域の環境変化

春山成子

東南アジアの都市では，近年のプライメートシティ（注1）への急激な人口集中によって、首都圏での無秩序な開発と都市域の拡大にともない、土地利用に大きな変化が現れた。旧来の自然環境に依拠した、あるいは環境適合で構築されてきた土地利用下では緩やかに制御されていた自然災害は、近年の早いテンポでおきている環境変化のなかで顕在化するようになった。そのひとつの典型的な事例地域として、フィリピン・マニラ首都圏を取り上げて、人間活動の結果としての土地利用変化がマニラの海岸平野に与えた影響を水害という側面からみることにしたい。

一　高潮災害が増大するマニラ首都圏

フィリピンの位置

フィリピンは熱帯多雨変動帯に位置する面積30万㎢の弧状火山列島であり、マニラ首都圏を抱えるきわめて人口過密なルソン島、20世紀はじめには日本人がアバカ栽培を始めたダバオのあるミンダナオ島をはじめとする、約７１００の島々によって構成されている。国土に占める山地面積は75％、平野面積は25％と、山がちな地形景観をなしているところは日本と似た風土になっている。このフィリピン群島の島弧は

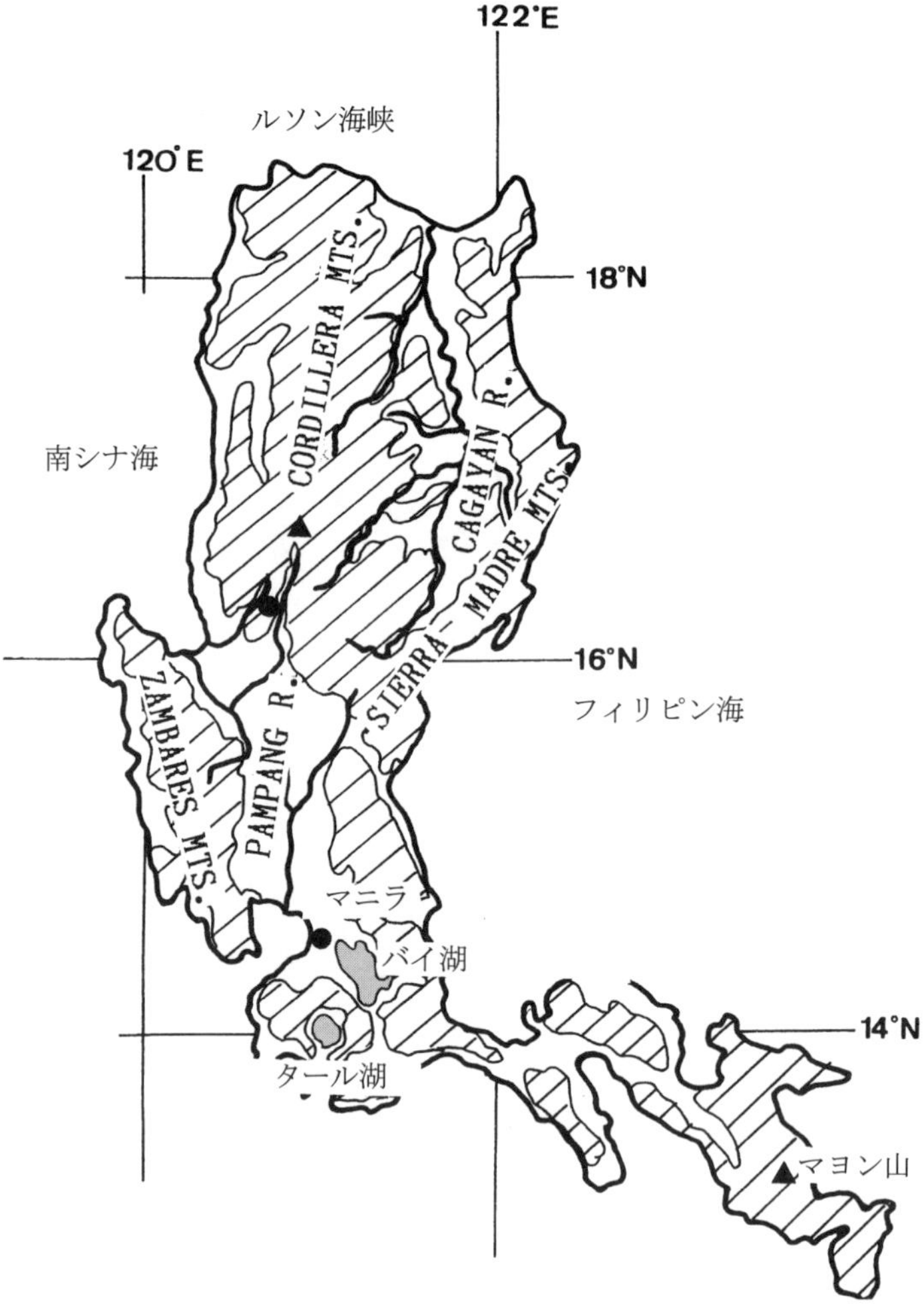
122°E
ルソン海峡
120°E
18°N
CORDILLERA MTS.
南シナ海
CAGAYAN R.
SIERRA－MADRE MTS.
16°N
フィリピン海
ZAMBARES MTS.
PAMPANG R.
マニラ
バイ湖
14°N
タール湖
マヨン山

図1　ルソン島の概要

二重弧をなしており、フィリピン海溝に近い非火山性の「サマル弧」は外弧、火山性の「ルソン弧」は内弧にあたっていて、この地域でフィリピン海プレートが衝突するためにフィリピン群島の外形はきわめて複雑な形をなしているといえよう（図１）。

台風の襲来地域

台風発生域に近く、台風襲来の常習地帯にあたるフィリピンにはＥＳＣＡＰ台風委員会が設置されている。台風の発生によってフィリピンの沿岸域では高潮・高波が襲来するため、海岸平野に立地する都市機能や港湾機能は長期にわたって麻痺し、漁業集落は高潮災害にさいなまれてきた。フィリピン沿岸部の既往の高潮災害をみてみると、古い記録では１８９７年10月の台風による高潮がサマールとレイテ島を飲みこみ、１３００人の死者をだしたことが知られている。また、１９０８年の台風はソン島のアパリ・タロール村を襲い、１９１２年10月の台風ではレイテ南部の海岸線を７km後退させてしまった。１９６８年の台風は南イロコスのスルベック村を崩壊させ、１９７５年１月アウリング台風は南スリガオ・タンダク沿岸に大きな被害を与えた。

一方、台風に起因する豪雨によって治水施設の不備な中小河川では恒常的に外水氾濫におそわれてきた。人口過密なマニラ首都圏では土地利用変化にともなって、湛水許容範囲が徐々に減少していく中で、パシグ川―マリキナ川流域(注2)の洪水被害はむろんのこと増大している。河川災害の被害額は「住宅地及び工業地域」１０５０万ペソ、「道路及び公共施設」１６７万ペソ、「間接的被害額」は７１万３４００ペソ、被災額総計は１２８８万３４００ペソにも及んでいる。台風委員会が置かれている国ながら、災害予知システムは十分ではなく、このために、災害発生が想定される地域に十分な情報が伝達されることないために適

写真１　マニラ中心部（2000年11月大山正雄撮影）

写真２　マニラのスラム街（同上）

切な避難活動ができず、また、治水施設の容量不足で内水氾濫地域での長期湛水化、切迫した財政で災害復旧においても迅速な活動がとれずに被災者を多く出している。このような自然災害の発生機構を見ると、アジア諸地域に典型的に現れている災害の南北問題を示しているといえよう。さらに、マニラでは39万人にも及ぶスクオッター（不法占拠者）が生活を求めて都市に流入しているが、自然災害に最も脆弱な地域に居住地域を定めており、これが、また、アンバランスな都市社会の問題点のひとつを浮き掘りにしている（写真１、写真２）。

二　ルソン島とマニラ首都圏

マニラの誕生

１５７１年、スペイン人がパシグ川河口部にイントラムロス（城郭都市）を建設して総督府、大司教府、カトリック教会、大会堂などが整備されると、マニラ市街地の現在の都市景観の雛型が形成されていった。

しかし、初期の頃にはヨーロッパスタイルの市街地にはフィリピン人、中国人集落が入り込む余地はまったくなく、彼らの生活の場は中心市街の外に置かれることになった。マニラは自然の良港に囲まれていたため、１８３４年に港が開港すると国際貿易が活発化して、都市は成長をとげることになる。城郭内では可住空間がすぐに限界に達してしまい、市街地は外延部にと拡大していった。スペインから解放されるとアメリカ合衆国の植民地となるが、この後、ようやく１９４６年7月４日には独立してマニラを首都と定めた。１９４８年には一時的にケソンに首都が移転したものの、１９７６年には再度、首都をマニラに戻し、現在のマニラ首都圏が形成されていくことになる（写真３）。

写真３　イントラムロス

マニラ市域の面積は38㎢にすぎないため、首都圏の拡大は隣接地域に向かうことになった。１９６０年代には、マニラ、カロオカン、パサイ、ケソンの4市とラス・ピニャス、マカテイ、マラボン、マンダルヨン、マリキナ、モンテンルパ、ナボタス、パラニャケ、パシグ、パテロス、サン・フアン、タギグ、バレンスラエの13町が統合されて、大マニラ首都圏が構想されるにいたった。戦後、プライメートシテイとしてのマニラへの人口集中は加速度的に進んでいった。

フィリピンの主要都市の人口を見てみると、１９９５年現在、マニラ首都圏に９４５万人、第2のセブが２９２万人、ダバオでは１１９万人、第4のサンボアンガでは51万人である。６３６㎢に広がったマニラ首都圏には、人口集中のための居住空間の拡大とともに、政治、経済、文化などのさまざまな分野で施設の設置が進むことになり、典型的な「一極集中型都市」に成長していった。

マニラ首都圏の地形と土地利用

マニラ首都圏は東側を標高３００—４００ｍの低山地に囲まれ、南側にはタール火山の山麓、西側をマニラ湾に向けている。東部山地前縁の50—１００ｍの丘陵・段丘と南部のタール火山山麓にも市街地が形成されている。マニラ湾にそって南北に細長く海岸平野が形成されているが、この海岸平野の地盤標高は２ｍにすぎない。マニラ湾を反時計回りに北側にむかって伸びる微高地をなす砂州・砂嘴は湖の背後に堤間低地をつくっているが、この地域が最も人口の密集する地域である。

一部の市街地はマリキナ川・パッシグ川流域の丘陵を南北に刻む谷底平野とバイ湖岸に展開する低平な湖岸低地と湖岸段丘にもかかっている。また、バイ湖から流れ出して東西方向に流下してマニラ湾に注ぐパシグ川はマニラ首都圏をほぼ二分する河川であるが、この河川の氾濫原もまた人口密集地域であり河川沿いにはスラム街が分布している。

フィリピノ語で「釣ばり」を示すカビテはマニラ湾南岸から北向きに湾内に突出した幅１㎞、長さ９㎞の砂嘴である。地形特性を生かしてスペイン統治時代から海軍基地、造船基地が置かれてきた地域である。カビテ州はタール火山外輪山の北西斜面からマニラ湾にかけての地域である。湾岸に広がる潮汐平野は乾期がきびしく天火で海水が蒸発散可能なため、早くから塩田として利用されてきた。海水だまりに塩水が引き込まれ濃縮されると１haを40—50枚に区画された塩田で塩を析出させている。しかし、現在、この塩田地帯は養魚池・エビ養殖地に変化し、砂州背後の堤間低地はスラム化している（図２）。

ラグナ州とリサール州を分けるフィリピン最大の湖（９２２㎢）であるバイ湖はマニラ首都圏の南東に位置している。バイ湖はパシグ川を介してマニラ湾につながっている。湖沼の流域面積は３９８６・７㎢、湖水量32億㎥、平均水深は2.8ｍ、湖面水位1.8ｍの浅い湖である。湖岸平野はマニラ首都圏の穀倉地帯であ

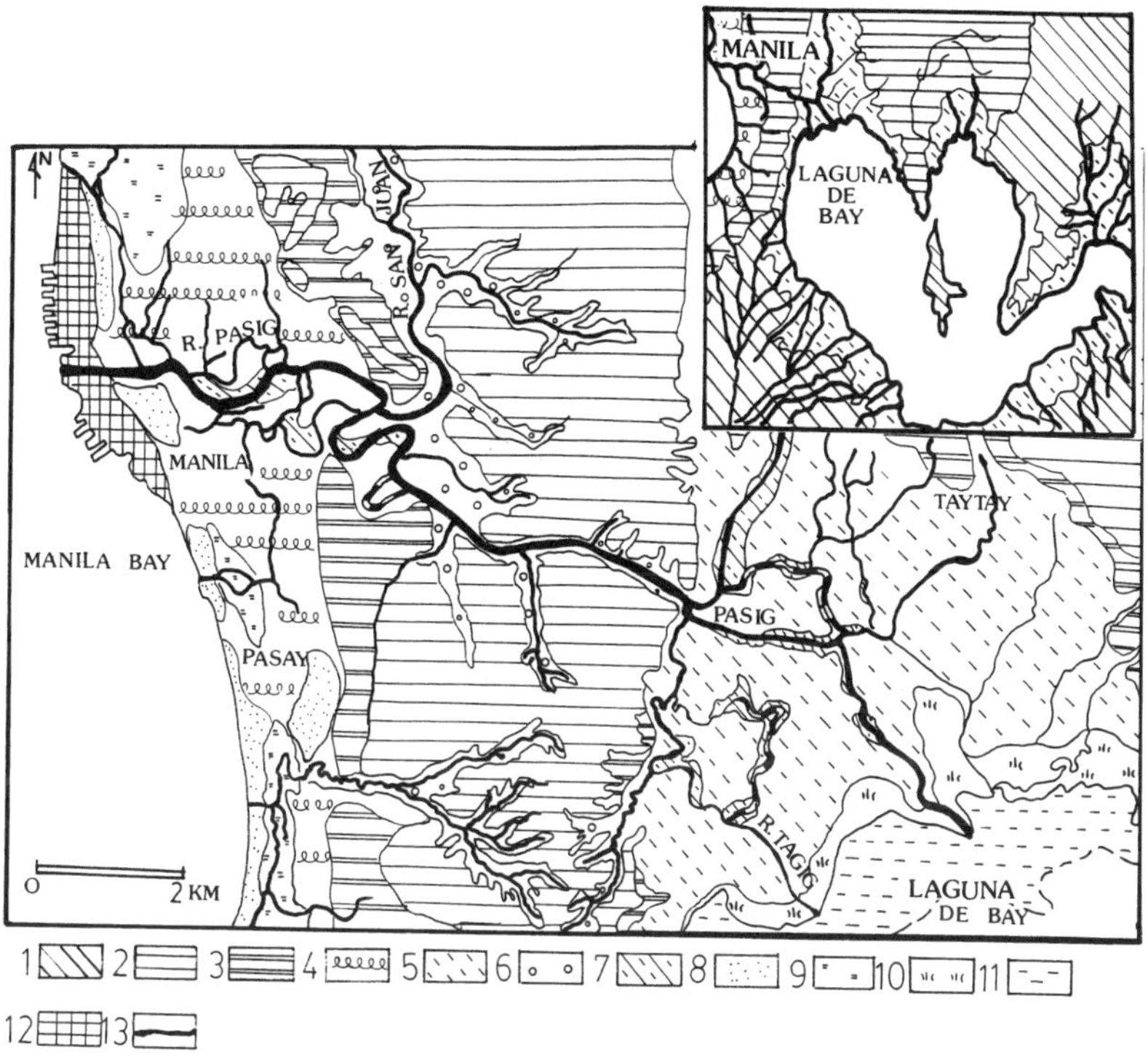

図2　マニラ首都圏の地形分類図
1山地　2台地　3湖岸段丘・沖積段丘　4海岸平野　5湖岸平野　6谷底平野　7自然堤防　8砂州　9湿地　10てい水植物　11湖棚　12埋土　13水系

り、米・サトウキビ・ココナツなどが栽培されてきたが、近年では都市向けの野菜、果樹などの換金作物の生産地域へと変化しつつある。農地面積は流域の52%にあたっている。バイ湖南部はスペイン時代初期から開発が進み、重要な内陸水面として漁業、養殖業がおこなわれてきている。湖水は水田3万haの灌漑水源であるが工業用水として8・91m^3／s、発電として46・3m^3／sに利用されている。現在の土地利用は自然の状態（林地、湿地、草地）が41%、農地52・1%、住宅地6・5%である。

マニラ首都圏の土地利用を大きく区分すると、(1)マニラ市中心部からマカティ、ケソンにかけての商業・業務地域、(2)市街地をとりまく現在

写真４　マニラ湾沿岸の土地利用（2000年11月大山正雄撮影）

も開発中の土地を含む近郊の住宅地域、⑶マニラ西北部及び西南部に展開しているマリンポンド、⑷北部・南部の丘陵と台地およびマリキナ川流域の農業地域、⑸東部山地・丘陵の森林地域に大別できよう。１９９１年現在でのマニラ首都圏の土地利用は、住宅地65％、工業地４％、商業地３％、公共施設用地５％、農業用地９％、空き地８％である。最近10年間での住宅地への転用は急激であり、マニラ中心部には総人口の39％にもあたるスクオッターの居住空間を抱えている（図３、図４）。

マニラ首都圏への人口流入は市街地を拡大し、ケソン市北部の丘陵地、マリキナ川、バイ湖周辺の低地、南部カビテ州の海岸平野にまで住宅開発を進めることになり、１９１８年には36万人、人口密度３４・３人／㎢に過ぎなかったマニラの人口は第二次世界大戦以降、１９６０年に５倍の１５６万９千人、１９８０年に13倍、マニラ首都圏の人口は５９２万５８８４人に一気に増大してフィリピン全体の12％を占めるようになった。ルソン島北部とミンダナオ島などから、マニラへの移住はあとを絶たず、不法占拠者として人口統計に反映されない人口数も多い。人口増加は１９４０年には始まっているが、初期にはマニラ、ケソン両市内への居住空間の拡大にとどまっていた。しかし徐々に、土地利用変化を促し、魚養殖池が広がっていたマニラ北部沿岸地域のマラボン地区などは市街地へと変化していった。バイ湖周辺にも南部から人口が集中し、湖南での商業用地、工業用地、公共用地、居住域の土地利用比率は徐々に高まった（写真４）。このような中で、従来、沿岸部に特有な自然立地的土地利用形態であった養殖池と塩田が姿を消していった。

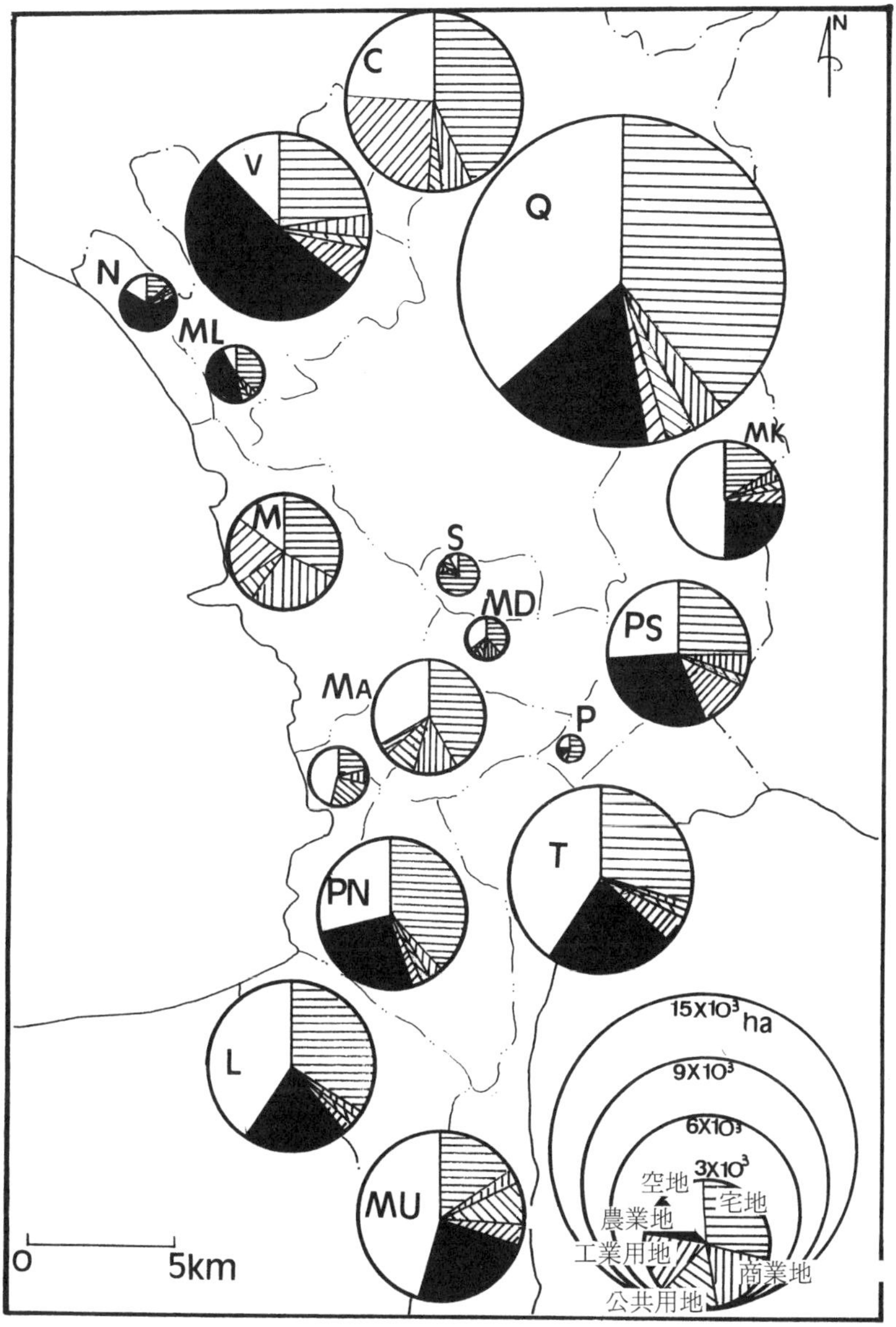

図3 マニラ首都圏における土地利用概況
Cカロカン市 Mマニラ市 MAマカティ MDマンダルガン MKマリキナ MLマラボン MUムンティルパ Lラスピナス Nナボタス Pパテロス PAパサイ市 PNパラナケ PSパッシッグ Sサンファン Qケソン市 Vヴァレンズエラ Tタヒグ

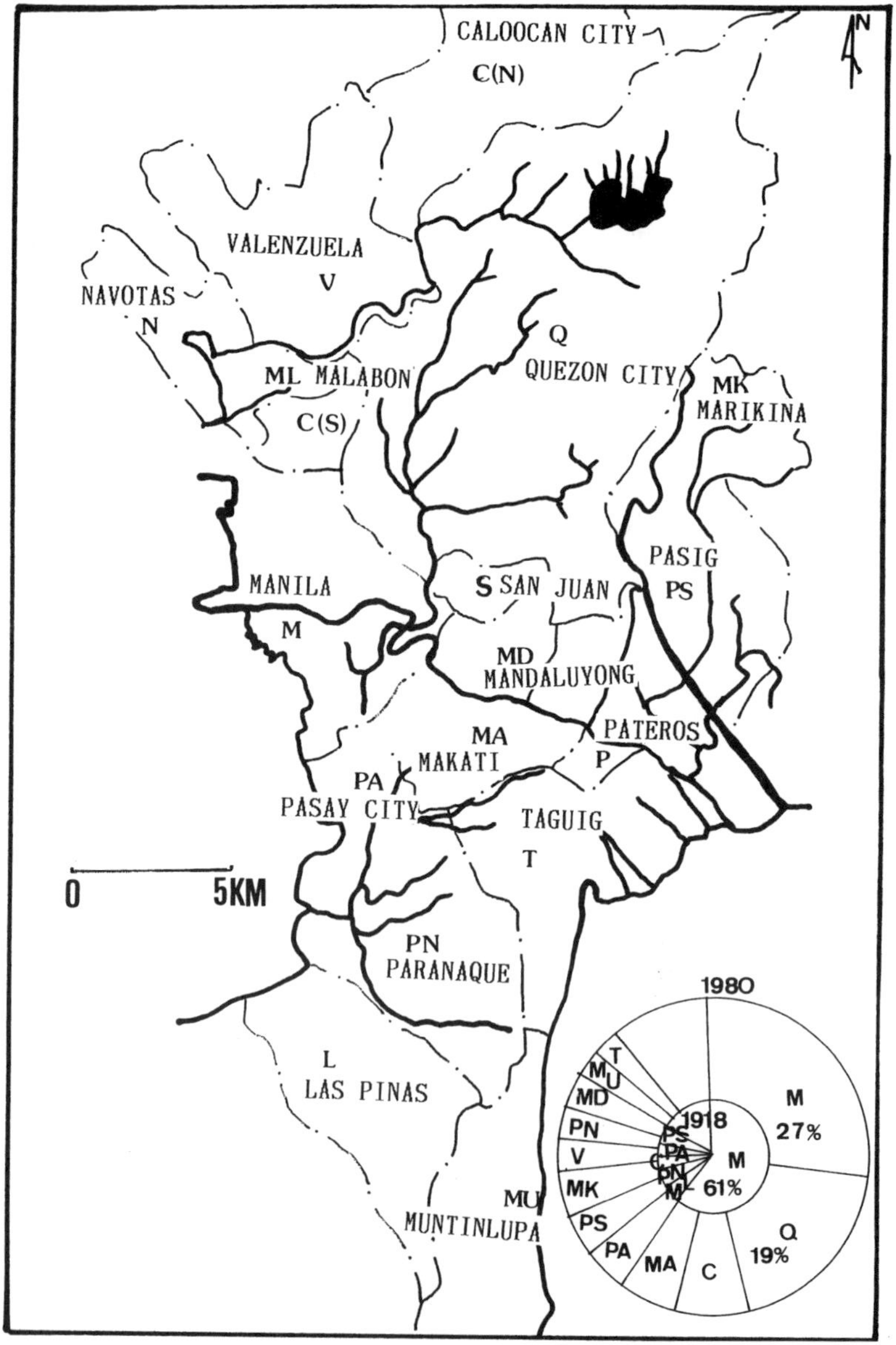

図４ａ　マニラ首都圏の人口分布の変化
図３にカタカナ表記を示す。

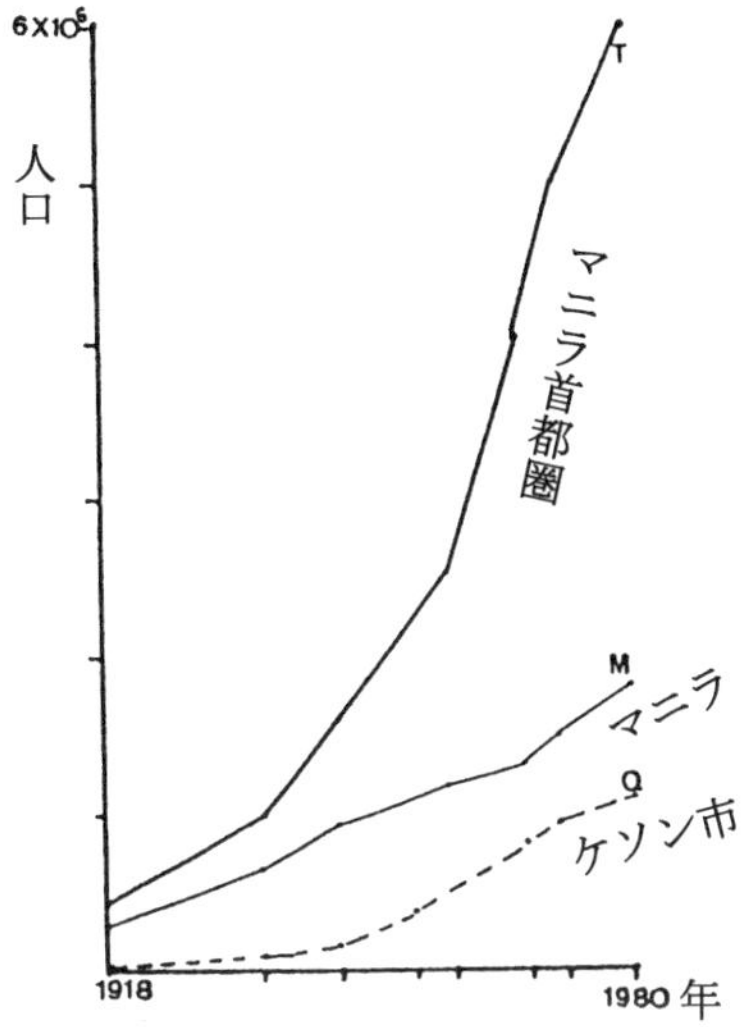

図4b　マニラの人口変化（1918-1980）

三　マニラの水害の変容

台風と洪水

フィリピンに襲来する台風による洪水被害は年間平均20回であり、氾濫の可能性の高い低地面積は131万6230haである。都市域、市街地の被災地は13万6159haに及び、毎年50億ペソを計上している。PAGASA（1978年）によれば、マニラに上陸した台風で死傷者を記録したものはウイニー台風（1958年7月11—16日、被災者27万2753人）、ルシール台風（1963年5月24—31日、被災者234人）、ケート台風（1962年7月8—23日）、グローリア台風（1963年7月11—16日）、ヨーリング台風（1970年11月17—20日）、ルミング台風（1973年10月2—9日）、ルース台風（1973年10月12—17日）、ナディン台風（1974年8月15—16日）であった。また、1987年のシサング台風では死者数は808人、負傷者数927人、行方不明者171人、被災者数は201万9385にも及び、家屋被害では全壊家屋15万3339棟、半壊家屋数17万5449棟、水害の総額は11億1900万ペソとなった。農業被害も大きく6億8000万ペソ、道路・橋梁1億5000万ペソ、公共土木施設2億4700万ペソ、一般資産で5300万ペソ、通信施設300万ペソ、公共建造物1億3000万ペソ、農地被害521億3600万ペソを記録し都市域での洪水被害は増大している。

水害の変化

パシグ川—マリキナ川流域とバイ湖岸平野の推定氾濫面積は2万2500haであるが、被災想定地内の居住区は8300ha、農地は2万4200haであり、旧マニラ市街のスラム街もまた恒常的な洪水氾濫地域に立地している。ルソン島の農村部あるいはミンダナオ島などからの出かせぎ労働者の一時的な居住施設は、多くの場合、旧池沢に位置しており、雨季には冠水することを覚悟の上で住んでいるのである。マニラ中心市街地とマラボン、ナヴォタス、ヴァレンゾエルはゼロメートル地域であり、都市河川であるパシグ川・マリキナ川などの中小河川の洪水氾濫、排水施設に限界があり、排水能力不足による内水氾濫が併発し、慢性的に深刻な洪水被害が発生している（図5）。

マニラ首都圏における洪水は、(1)急激な都市化により、かつての湛水地域にまで居住空間が拡大したこと、(2)マリキナ川、パシグ川などの都市河川のピーク流量が増加し、急激な流出を経験することになったこと、(3)河川および水路の流下能力の不足のため、豪雨時に洪水流が河川堤防を越流するためにおきる外

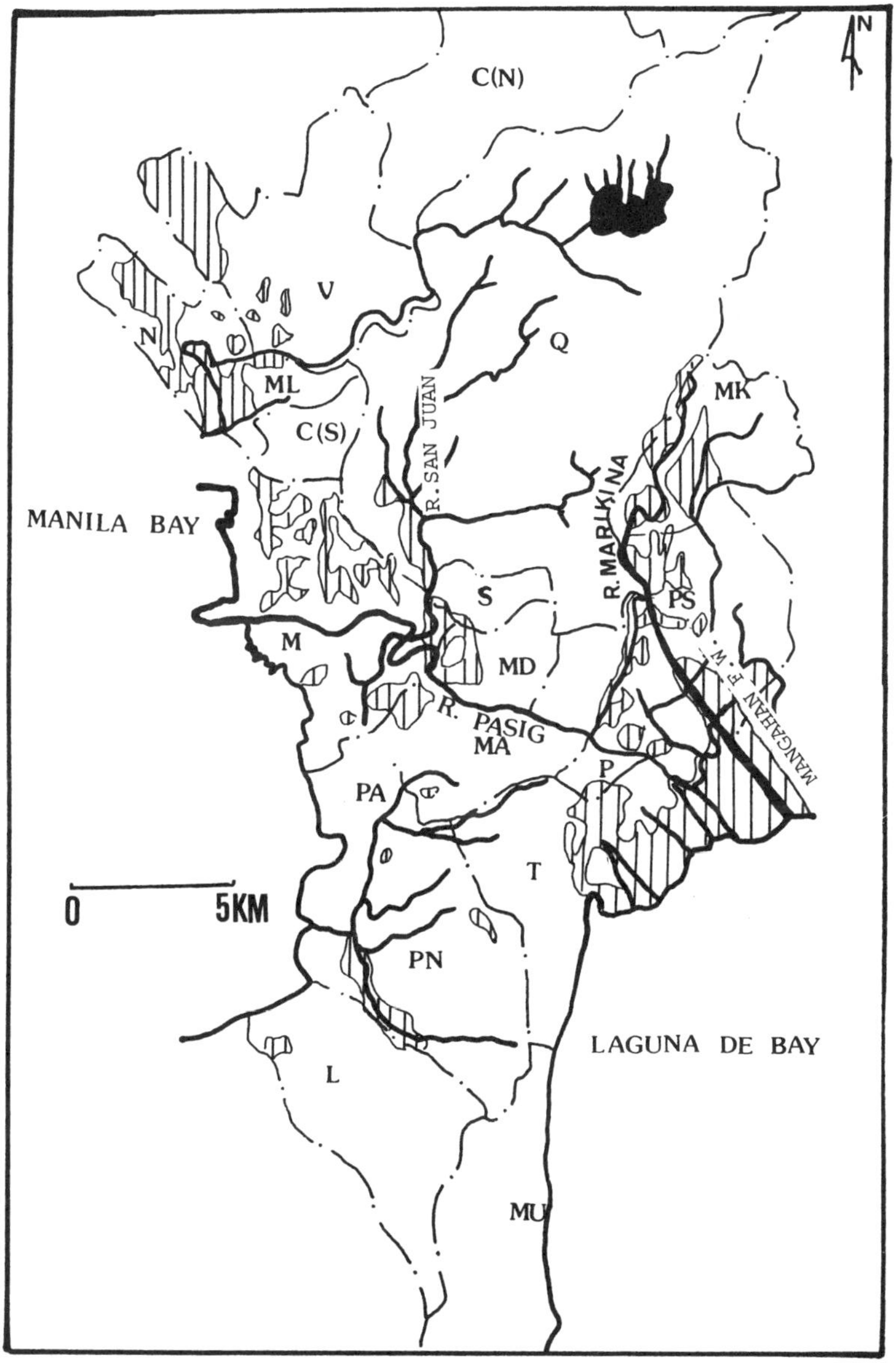

図5　マニラ首都圏の洪水氾濫地域（縦線部分）
略号のカタカナ表記は図3に示す。

水氾濫、⑷都市拡大によって生じる既設の排水施設、ポンプ排水機の排水能力の不足によっておきる局所的な内水氾濫、⑸排水施設の維持管理上に問題があるために生じる汚泥、廃棄物、植物などの施設への集積で排水能力が低下するために発生する内水氾濫、⑹急激に増加した不法居住者が河川・水路にせり出して居住地区を形成することで、河川の洪水流下が阻害され、維持管理遂行上に支障がでるために湛水期間が長期化するようになったこと、⑺マニラ首都圏における治水関連の制度の不備と治水施設建設のための財源不足で迅速な水害対応策が遅滞していることなどが、原因としてあげられよう。

　マニラの内水排除計画は、１９５２年にたてられた排水計画マスタープランを基礎にして、１９７４年にはポンプ排水機場が建設されることになるが、この間においてもマニラへの急激な人口集中と無秩序な都市化、開発の加速化で水害常習地域はさらに拡大している。しかし、⑴ポンプ排水能力は１７３・８㎥／ｓにすぎず、排水可能な面積は４１９２haで低地全域をカバーできず、⑵沿岸部のマラボン・ナボタスにたてられた高潮対策の輪中堤防の堤防高は不充分であり、⑶マンガハン放水路も豪雨後のバイ湖の高湖水位時には排水が困難におちいる、⑷マリキナ川の流出能力は上流側で５００㎥／ｓ、下流１１００㎥／ｓにすぎず、流域排水量に対応していないなどの欠点があった。

　近年の水害の主被災地はマリキナ川の氾濫原、バイ湖岸平野、マラボン潮汐平野、サンフアン川とパシグ川の合流地点などである。これらの被災地は人口急増地域で急激な土地利用変化が進んでいる。マニラ首都圏における水害要因を眺めてみると、⑴台風襲来数と降雨強度、夏期の南西モンスーン時の豪雨、⑵地盤高度２ｍ以下の海岸平野への市街化地域の拡大、⑶砂州背後の堤間低地である低湿地、湖岸低地、三角州地域における業務地区・新興住宅地としての土地利用の転用、⑷低湿地の土地利用形態の変化による都市域における湛水許容地域の減少、⑸バイ湖湖岸低地の水田の居住地・商業地域への土地利用の転用、

⑹居住空間の過密化によりオープンスペースとして残存していた河川・水路の高水敷へのスラム街の拡大と日常的なゴミの不法投棄による河川の疎通能力の低下、⑺マニラ湾岸地域の急激なマングローブ林の喪失と海岸侵食の進展、⑻平均勾配が０・１８／１０００にすぎないパシグ川などの河川勾配の緩やかな排水河川の流下能力不足の都市河川、⑼洪水防御施設・排水施設の不備、⑽集水地域にあたるマリキナ川上流地域の丘陵の都市開発などがあげられ、近年の都市化地域における土地利用の急激な変化が大きく洪水被害の増大にかかわっている。

四　環境変化のなかで問われるもの

１９６４年の国家都市計画委員会の設立は終戦直後の復興計画の１つとして位置づけられているが、これは４年後には廃止されて、国家計画委員会に変更されると、「都市、地域資源の開発・保全計画」へと都市計画全般に拡大した。ここでは、マニラ首都圏内の都市のモデルゾーニングが行われ、建築規制を策定する権限が付与されている。１９７２年のマルコス政権下では、この国家計画委員会は廃止されてはいるが、これらは、その後に運輸通信省、内務・地方自治・社会開発省に移管された上で、マニラ都市圏については「マニラ都市圏委員会」に引き継がれることになった。

１９９５年現在での、マニラの都市人口は９４５万人であり、年間の人口増加率は３・２％、人口密度は１３４人／ha、土地利用は住宅地65％、工業地４％、商業地３％、公共施設用地５％、農業用地９％、空き地８％であり、スクオッター数は総人口の39％とスラム地区は２７６地区にも及ぶ現況がある。スクオッター問題とともに、マニラ首都圏では下水処理施設が欠如しており、河川・水路上にスクオッター居住区が張り出しているうえに、さらに、河川へのゴミ放棄があとを絶たない。国家経済開発庁が国家開発計画と環境政策を調整し、マニラ首都圏から南東側の工業化が進むバイ湖地域の開発による環境変化についてはバイ湖開発庁（１９６６年設立）が農業を中心とした産業開発を促進し、土地利用の規制を始めている。さらに、汚濁の進むバイ湖の水質保全・改善などを、「環境法規制」の実施を通して、環境政策を実践し始めている。公共事業省ではインフラ整備、道路、河川管理、公共施設建設、港湾の整備を開始し、総合的なマニラ首都圏における環境変化への対応が始まった。

しかしながら、先に述べたように、肥大化するマニラ首都圏においては自然災害についてきわめて脆弱な海岸平野を背景としたところに問題の所在がある。このような沿岸部の都市では、将来に想定される海面上昇にはきわめて高い災害リスクをおう地域である。またアンバランスな社会も露呈されており、早急な土地環境適合の土地利用計画が、都市計画の中に位置づけられなければならない時期にきているといえよう。

注1　プライメートシティとは、第2位以下の都市に比べて、第1位の人口規模が飛びぬけて大きい都市。例えばタイのバンコク、フィリピンのマニラなど。

注2　フィリピンペソは２・５２円（２００１年7月4日）

文献

（1）春山成子（１９９０）マニラの水害　早稲田大学理工学研究所報告　１２７号　68―74頁
（2）春山成子（１９９０）フィリピンの自然と人々　地理　35巻11号　92―98頁
（3）水越允治（１９７３）『モンスーンアジアの水資源』古今書院　第二部　31―42頁

（４） PAGASA(1974) *Review of Tropical Cyclones in the Philippines area of Responsibility 1948-1972*, national Operational Weather Office, p.76.
（５） Kintanar Roman L. (1976) *Disastrous Tropical Cyclones 1948-1975*, National Weather Office.
（６） ＪＩＣＡ（１９８７）フィリピン共和国マニラ洪水対策計画調査　11—83頁

第3部
海面上昇の影響予測
評価と対応戦略

ソンクラー湖（ルアン湖）北東岸の揚水機場（1997 年 12 月平井撮影）。
海面上昇の影響で取水地点の塩分濃度も上昇し、湖水の灌漑利用は現在より厳しい状況になると予測される。そのような農業経営への影響なども適切に評価し、今後の地域開発計画や海面上昇に対する対応策を講じる必要がある（第 11 章参照）。

9 南太平洋の島国における海岸の諸問題と海面上昇に対する脆弱性

三村信男

一　迫ってくる海に危機感

南太平洋は南国の楽園というイメージであり、サンゴ礁に囲まれた美しい海岸線や独特の文化を守って暮らす人々の姿が頭に浮かぶ。しかし、こうした場所にも近代化の波が押し寄せ、伝統的な文化やライフスタイルとの摩擦が生じているし、この地域を保存してきた条件、すなわち世界の主要市場から遠く離れているという地理的条件が、経済的な自立の障害になっている。一方、この地域は地球温暖化による気候変動と海面上昇問題をめぐっても焦点の地域の一つである。標高の低い島国では、海が迫ってくるという予測に危機感が高まっているのは周知のとおりである。

こうしたことを背景に、筆者らは過去10年間、トンガ、フィジー、ツバルといった南太平洋諸国の調査に携わってきた。調査の目的は、この地域に対する海面上昇の影響を予測することであったが、同時に現在の諸問題にも直面することになった。本稿では、南太平洋の島国に対する海面上昇の影響がどのようなものであるのかを紹介しつつ、現在の諸問題との関係も考えてみたい。

二　各国の実状

トンガにおける水没・氾濫の危険性[1]

筆者らの調査は１９９１年に始まり、最初の対象としてトンガを選んだ。トンガは、南緯15度から２３・5度の間に位置しており、１７１の島からなっている。国土の面積は７４７㎢にすぎず、人口は約10万人、人の住む島は36島しかない。トンガは王国であり、トンガタプ島にある首都ヌクアロファに、国王の宮殿がある。トンガタプ島の地図を図1に示すが、この島は、東西40㎞、南北20㎞である。標高はさほど低いわけでなく、最高地点（空港周辺）で65ｍある。南から北へ傾斜しており、低平な北部の海岸には、ラグーンが入り込み、マングローブや湿地帯、砂浜が広がっている。首都のヌクアロファは、もっとも低い砂州の上に位置していて、標高は１ｍ以下であるといわれている。その前面には、幅の広いサンゴ礁が広がっている。

海面上昇の影響を予測する上で、まず将来の水位のシナリオを与える必要がある。水没や高潮の氾濫を考えようとすると、満潮位と高潮の上に将来の海面上昇を上乗せしなければならない。トンガは南太平洋のサイクロン来襲帯に位置するため、1年に1回程度、サイクロンに見舞われる。１９８２年に来襲したサイクロン〝アイサック〟では、トンガタプ島の北部海岸に高潮の被害が発生したが、このときの高潮の高さは2.8ｍであった。〝アイサック〟の被害は歴史的にも大きなものであったし、その他にはデータがなかったことから、ここでは、トンガタプ島の高潮の高さを2.8ｍと仮定した。また、１９９０年にＩＰＣＣは、２１００年における海面上昇の大きさを、30㎝から１１０㎝と推定していた[3]。そのため、30㎝と１００㎝

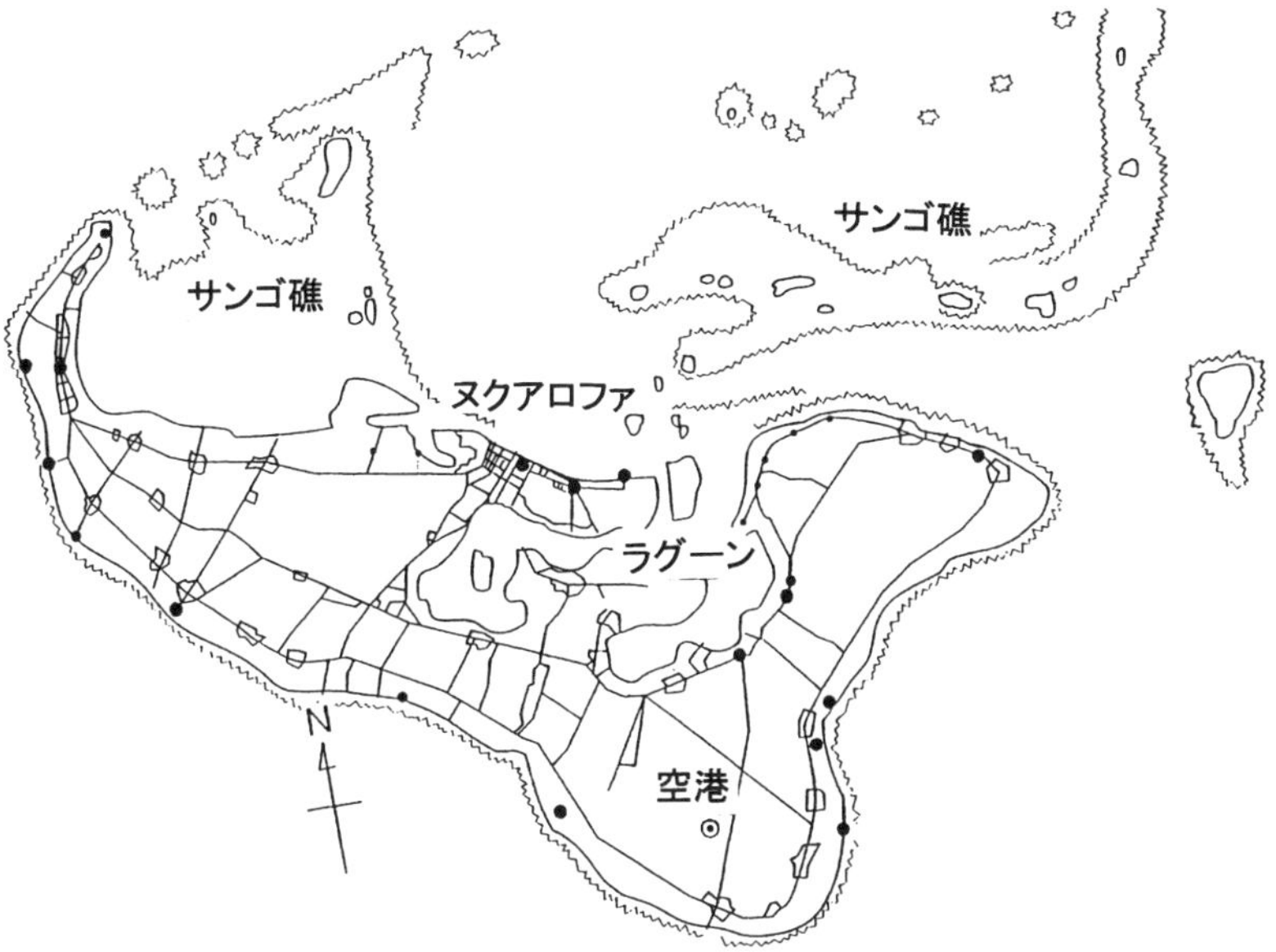

図１　トンガタプ島（Douglas and Douglas[2]から作成）

の２つを海面上昇のシナリオとした。これらを組み合わせれば、現在と２１００年（海面上昇時点）における、平常時の水没とサイクロン来襲による高潮発生時の状況を想定したことになる。

　海面上昇の１次的影響は、低地の水没、氾濫の激化、海岸侵食の激化、塩水の侵入などである。それを評価するためには、正確な標高の記載された地形図が必要である。しかし、途上国の調査では、地形図、あるいは標高データを入手するのが難関になった。トンガの場合も例外ではなく、事前の資料収集や現地での調査でも標高の入った地図は見つからなかった。そのため、オーストラリアの測量会社が撮影した空中写真を購入し、自前でトンガタプ島の等高線を引くことから始めなければならなかった。

　このようにして予測されたトンガタプ島に対する海面上昇の影響を表１に示す。

　30㎝と１００㎝の海面上昇に対して、島の面積の３・１％と１０・３％が水没し、人口への影響はそれぞれ

表1　トンガタプ島における水没と高潮氾濫の影響

分類	水没域			高潮の氾濫域		
	面積（㎢）	居住地（㎢）	人口（人）	面積（㎢）	居住地（㎢）	人口（人）
現状	0	0	0	23.3（8.8%）	4.9	19,880（31.3%）
海面上昇 0.3 m	3.1（1.3%）	0.7	2,700（4.7%）	27.9（10.6%）	5.6	23,470（37.0%）
海面上昇 1m	10.3（3.9%）	2.2	9,000（14.2%）	37.3（14.1%）	7.6	29,560（46.6%）

面積と人口のパーセンテージは、それぞれトンガタプ島の面積と総人口に対するものである。

４・７％と１４・２％に及ぶ。さらに、１００㎝の海面上昇のもとでサイクロンによる高潮が発生すれば、３７・２％の面積と４６・６％の人口が影響下に入ることになる。図２には、４ｍの等高線以下の地域、つまり海面上昇１ｍ＋高潮２・８ｍの影響下にほぼ匹敵する地域を示すが、島の北部に集中していることがわかる。とくに、首都ヌクアロファは大部分が影響下に入ることになる。トンガタプ島はもっとも標高の低い島に分類されるわけではないにもかかわらず、海面上昇によって水没と高潮の影響は極めて大きく増大するといえる。

　トンガにおける影響を単に物理的な観点からだけ理解するのは不十分である。他の島嶼国にも共通するが、歴史的、社会的な背景を持っているからである。

　トンガタプ島における影響は、トンガの土地所有制度と関連している。トンガの土地は、基本的には国王のものであり、それが王族や貴族に分有されている。一方、トンガの男子は成人すると、これらの土地を耕作地と居住地として借地する権利を有することが憲法で規定されている。こうしてトンガの人たちは自分達の食住をまかなうことになるが、近年人口が増加したため借地として配分する土地が逼迫し、自前の土地を持たない人が増える傾向にある。借地を返さない人が増えたため、土地所有者側の貸し渋りにつながり、土地の配分をめぐる社会問題に拍車をか

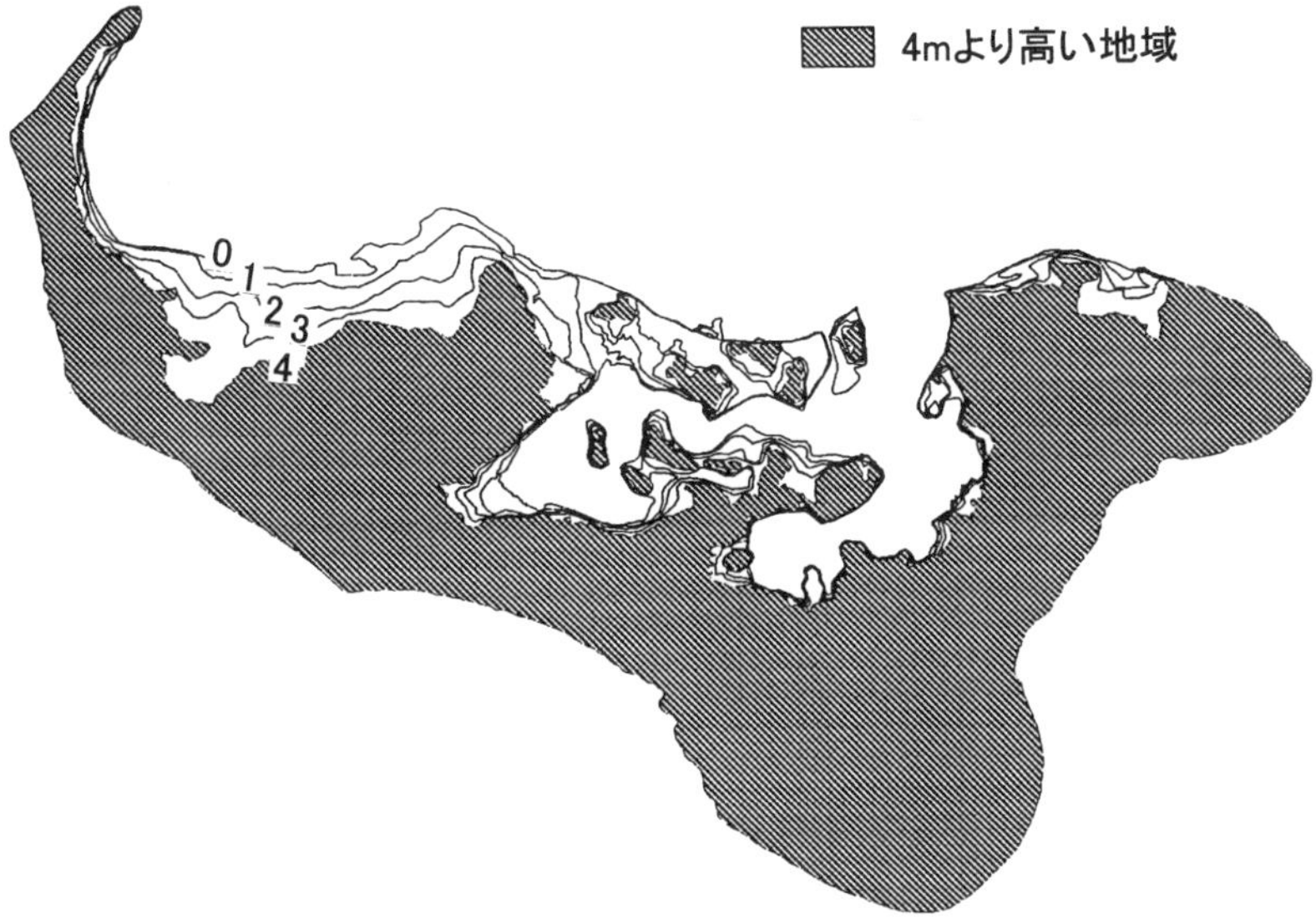

図2　トンガタプ島で予測される高潮の氾濫域（１ｍの海面上昇時）

けている。こうした土地の逼迫によって、ラグーンの湖岸などで埋め立てが進んでおり、また、湿地帯や廃棄物の捨て場所といった本来居住に適さない低地に多くの人が住むようになっている。

この傾向にさらに拍車をかけているのが、他の島からの移住者の増加である。トンガタプ島は首都の島であり、相対的には、経済的、文化的な機会に恵まれている。そのため、他の島からの移住者が増加しており、こうした人たちが居住地を見いだせるのは、右のような低地である。

トンガでは、現在でも高潮などの危険の高い湿地帯や埋め立て地に人々の集中が続いている。それが、将来の海面上昇への脆弱性を一層高めることは明らかである。トンガにおける脆弱性の背景には、このような社会的背景があることをみておく必要がある。

ツバルの脆弱性[4・5]

標高の極端に低い島国としてツバルを紹介する。ツバルは、南緯5度から10度の間に広がる群島国家である。9つのサンゴ礁の島からなっており、アトール（環礁）タイプ

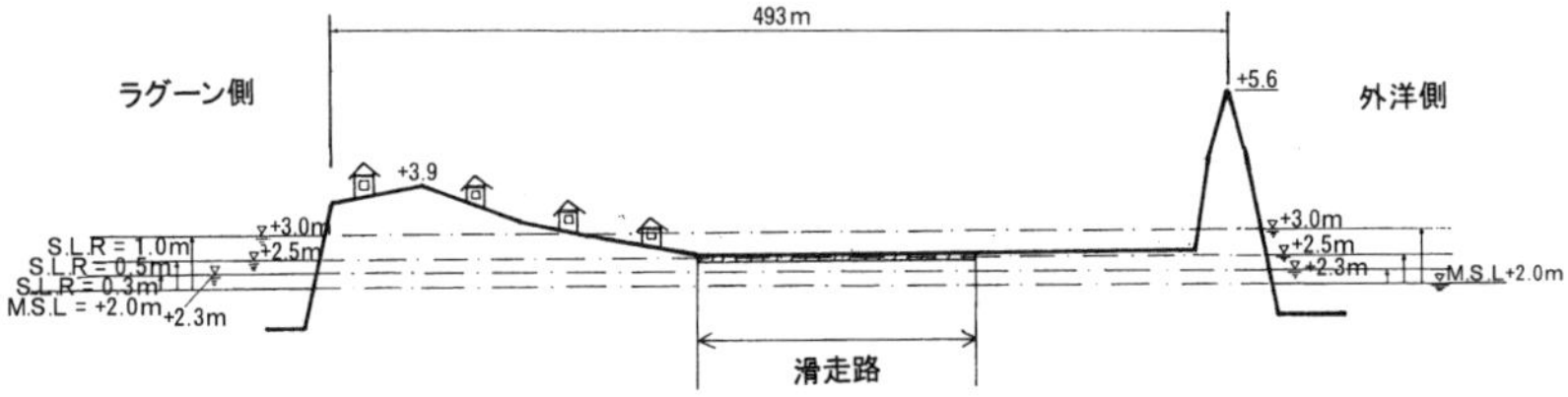

図3　フナフチの横断面図（平均海面の位置が +2.0m で表されている）

の島とリーフタイプの島の2つのタイプがある。国土の面積は23㎢、人口は約1万人にすぎない。首都は、フォンガファレ環礁のフナフチにあり、人口の半分、約5000人が住んでいる。

調査では、政府施設や民家の集中しているラグーン側を中心に、標高を測量した。フナフチ周辺の潮位は、オーストラリアと米国によって観測されているため、後日これらの機関から潮位データを入手して、測量した各地点の標高を求めた。

図3はフナフチ島の断面図である。フナフチ島は両側が高く中央がくぼんだ地形をしており、中央を走る空港の滑走路の標高がわずか0・5mである。平均標高は1・5m以下であろう。民家はラグーン側の小高い地域に集中しているが、それも標高2m以下である。外洋側の丘の方が高く、最高3・6mであるが、これはサイクロンによって礫が積み上がった地形で、人が住むことはできない。また、図4はラグーン側の海岸の断面を示している。図の中には、フナフチにサイクロンが来襲した場合を想定して計算した高潮および波の打ち上げ高さを示した。1mの海面上昇を考えると、高潮の高さは2m、その上に乗った波の打ち上げ高さは3・4mになる。この高さは、標高1mの地点にたつ民家の屋根に相当する。サイクロンが直撃すれば、高潮と高波が陸上の民家を襲うという事態が予想される。事実、現在でも、サイクロン来襲時には、島の狭い所を波が横切るということであった。こうした状況を、統計的にいえば、現状で20、30、50年に1度生じる高水位が、1mの海面上昇によって、それぞれ4・3、7、13年に1度の頻度に増大するというものである。

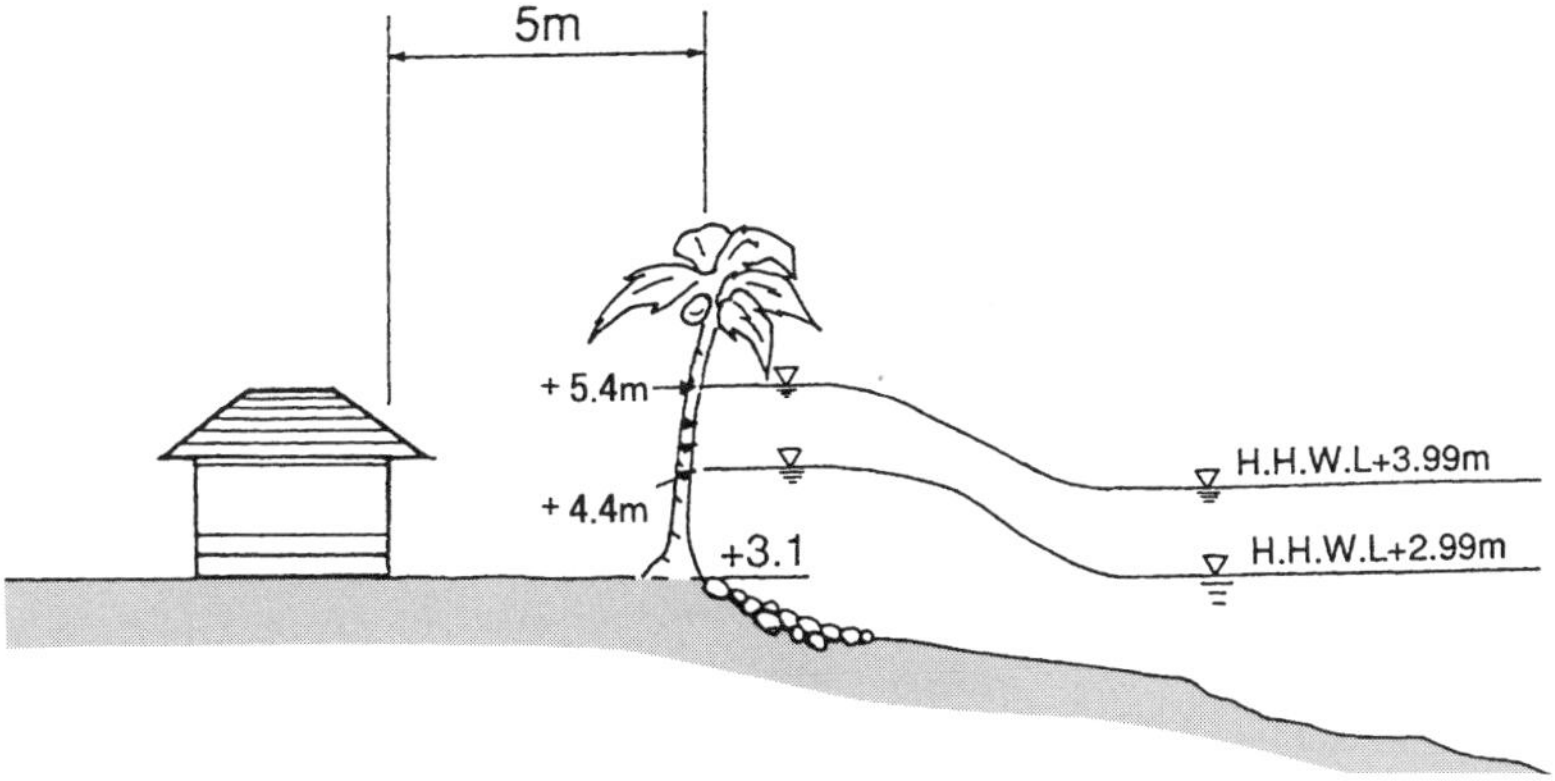

図４　フナフチの海岸線における高潮の高さと波の打ち上げ高さ
（下：現在の海水面、上：１ｍの海面上昇後。平均海面の位置は +2.0m）

さらに、フナフチ島は完全にサンゴ礁の石灰岩でできた島である。そのため、地中の透水性が高く、周囲の水位が高まれば、中央の低地に下からの浸水・氾濫が生じる。事実、１９９７年には地下からの浸水によって、滑走路脇の気象台の建物が倒壊している。

フナフチ島のような極端に低い島では、物理的な脆弱性が極めて高い。しかし、それだけでなく、ツバルは、小国故の社会的、経済的脆弱性も有している。ツバル経済を象徴する言葉はMIRAB経済という言葉である。出稼ぎ(Migration)、仕送り(Remittance)、外国の援助(Assistance)、行政機構(Bureaucracy)の頭文字をとったもので、出稼ぎの仕送り（ナウルのリン鉱石採掘やニュージーランド、オーストラリアなど）と外国からの援助が国家収入の大半を占め、それを公務員の給料として支払うことによって国民に分配しているという実態を表すものである。独自の産業を持たないMIRAB経済の下では、対応策を打とうにも財政的な負担に到底耐えきれない。

フィジーなどの海岸侵食

フィジーの中心をなすヴィチレブ島とヴァヌアレブ島は火山起源で、中央に高い山がある。海岸の平坦部は狭く、島の周辺にはバリアリーフが発達している。フィジーの人口は約80万人であるが、その85％が平担部の海岸域に住んでいるといわれている。人口の46%を占めるフィジー人は伝統的な集落を形成し、何世代にもわたって海岸沿いの集落で生活している。集落の土地は、首長あるいは集落の共同的所有であり、フィジー人の土地に対する愛着は極めて強い。近年になって、こうした集落の至る所で、海岸侵食が発生して問題になっている（写真1、2）。

海岸地形の変遷を示す地図や入射波に関する系統的なデータは存在しない。そこで、ヴィチレブ島とタベウニ島を対象にして、聞き取り調査による侵食の実態把握を試みた[6]。海岸集落の首長、あるいは長老に昔の海岸線の位置やはじめて護岸対策を取った時期などを聞いたのである。

聞き取り調査をした29の集落の内、27の集落で海岸侵食が生じていると報告された。海岸線の後退によっ

写真1　フィジー、ヴィチレブ島における海岸侵食。波の入射方向が変わり海岸林の激しい侵食が生じている状況。

写真2　フィジー、ヴィチレブ島における護岸の例。直接海の侵入を防ぐことを目的に、現地の住民の手によって作られたもので、有効性は疑問であるが、現地ではこうしたものが多い。

て、家屋を移動したことや、かっては海岸線にあったヤシの並木が水没し、海中に根の跡が残っている例などがある。海岸線の後退距離は、10ｍ～75ｍの範囲であった。

もっとも興味深い結果は、護岸構造物の建設時期である。29集落の内、25が何らかの護岸をもっていたが、1960年以前に護岸を作ったのはわずかに1集落にすぎなかった。その後、60年代、70年代、80年代でそれぞれ7、6、7の集落が護岸（埋め立て地の護岸も含む）を作ったと報告された。

こうした聞き取り調査から、少なくとも30～40年前より以前にはフィジーでは護岸が必要な状況ではなかったことが示唆されるが、その原因としては、次の3点が考えられる。

⑴ かって海岸線を被っていたマングローブなど自然植生の伐採が進んだこと。

⑵ 人口の増加による埋め立ての進展。同時に、内陸部への移動が難しくなったこと。

⑶ エルニーニョや温暖化による海面上昇の影響に伴う外力条件の変化。

その他の島国

深刻な侵食の事例は、環礁の島であるツバルやキリバスでも見られる。ツバルの首都、フナフチでは、環礁のラグーン側の海岸線が激しく侵食され、海岸線に沿って植えられたヤシの並木の根元まで侵食が及んでいる（写真3）。すでに述べたとおり、フナフチの平均標高は1.5ｍ以下、海岸線の標高は1ｍ程度であるため、海岸に並ぶ家屋に対する大きな脅威になっている。前面にコンクリートブロックやサンゴ塊、蛇籠、ドラム缶等を投入しているが、効果は不明である。原因は、サイクロンによる高波の影響が大きいものと推定されるが、海中に残されたサンゴ塊の採取跡への流出も原因の1つとして考えられる。

キリバスでは、元々漂砂移動が活発で、環礁の島の海岸線が時間とともに大きく変形してきた。198

0年代に島をつなぐ海上道路や港湾が建設されたために、さまざまな影響が生じた。人為的な作用としては、多くの島で廃棄物の埋め立てがある。廃棄物の処分場がやがて埋め立て地となり、その周辺の海岸線での侵食・堆積問題をひきおこす例が見られる。

三　南太平洋諸国の海面上昇に対する脆弱性

水没・氾濫に対する脆弱性

上に述べた例からもわかるとおり、南太平洋の島嶼国は、水没と高潮の氾濫に対して極めて脆弱である。

写真3　ツバル、フナフチにおける海岸侵食。

このことは、標高の極めて低いツバル、キリバス、マーシャル諸島などでは当然である。こうした国では、海面上昇によって島全体が居住不可能になる可能性があるほか、領海や排他的経済水域（EEZ）の縮小につながるかもしれない。一方、標高の高いフィジーやサモアなどでも、相対的に影響は小さいとはいえ、依然として脆弱性が高い。それはこれらの島でも、居住性や海岸資源へのアクセスの良さから人々が伝統的に低平な海岸低地に住んできたからである。南太平洋の島国では、伝統的な土地所有制度が問題の解決を複雑にしている。国王、王族が国土を所有するトンガをのぞけば、多くの国では現地人の伝統的コミュニティが集団的に土地を所有しており、フィジーではこうした集落所有の土地が6割以上に上る。海岸の集落が危険になったとしても、別の土地はすでに別の集落によって保有されているため、より標高の高い場所に移転するのは簡単ではない。

南太平洋の島国の首都は、海岸低地に立地しているが、就業の機会や文化的な環境を求めて、国の中で首都に人口が集中する傾向が続いている。しかし、多くの国では、土地所有制度や居住可能な土地自体の逼迫のために移住者は安全な土地を確保できず、沿岸の埋め立てや危険な湿地帯などに住むことになっている。このように、南太平洋における海岸の脆弱性は、歴史的、社会的な条件が強く反映している。

海岸侵食への脆弱性

南太平洋地域における海岸侵食の特性とその社会的な意味は次のようにまとめられよう。

第１に、南太平洋の島国は、侵食に対してきわめて弱い特性をもっている。強い海からの外力にさらされている一方、砂の供給源は、多くの場合サンゴ礁や放散虫といった生物活動であり、供給速度は限られている。また、建設材料として砂やサンゴ塊の採取が大規模化する傾向にあり、自然の供給能力を上回る採取がおこなわれている海岸もあって、侵食に弱い地域である。

第２に、近年の海岸侵食には、エルニーニョの影響が大きい。エルニーニョの期間には、強い西風が卓越し、高い風波が生じるとともに、平均海面も変動する。こうした外力の変化によって、近年大きな侵食が発生した。今後の気候変動が、風や波高、波向をいかに変化させるのかで侵食の現れ方が大きく左右される。海面上昇は、確実に侵食を加速する方向に作用する。

第３に、南太平洋地域では、海岸侵食のもつ社会的な意味が大きい。すでに述べたとおり、多くの島国では、原住民の集落が海岸の低地に存在しており、彼らはその土地に対して強い帰属意識をもっている。海岸侵食や海面上昇の結果他の土地に移住しなければならないとすれば、伝統的なコミュニティの維持が困難に直面することになるし、移住先の集落との摩擦が生じて大きな社会的不安定につながる可能性もある。

塩水侵入に対する脆弱性

海面上昇の物理的な影響の１つは、地下水への影響である。標高の低い島国では、水資源を天水と島の地下に形成された淡水レンズ（レンズ状の淡水地下水のかたまり）に依存している。海面が上がり、島の面積が小さくなれば、それに比例して淡水レンズは縮小するため、海面上昇は、淡水レンズに依存している小さな島国にとって大きな脅威である。

低く小さい島にせよ、大きく高い島にせよ、地下水への塩水の侵入は農業への脅威になる。地下水に塩水が侵入し、地表近くまで塩水化が進めば、海岸低地で栽培されている根菜類やバナナ、ココナツヤシなどに悪影響が出ると予想される。多くの島国では、依然として自給自足経済が卓越しており、現地人の食料は集落周辺の土地で栽培されている。これらに影響が及べば、集落の維持に大きな問題になる。

四　対応は可能か

３つの対応策

海面上昇に対する対応策（適応策）として、国際的には、撤退、順応、防護という３つの方策が検討されてきた。撤退は、危険な地域から計画的に後退していくことであり、順応は居住や生活の仕方を変えることによって今の海岸に住み続けること、防護は堤防などを建設して海面上昇の影響を防ぐことである。

すでに述べたように、南太平洋の島国では、撤退策をとりうる土地が限られている一方、防護策のために要する莫大な財政負担には耐えられない。そうであれば、対応力を徐々に形成しながら、順応的に対応して行くほかないのかもしれない。

地域としての対応力形成

海面上昇に対する対応力には、自然的なものと社会的なものがある。南太平洋の海岸には、マングローブやサンゴ礁、砂浜といった自然の護岸機能が備わっているので、これらを保全し、活用することが基本的に重要である。一方、社会的な対応力の要素には、行政制度、財政力、技術力、社会システム、住民の理解・協力などが含まれる。これらが組み合わさって将来の脅威に対する備えがとられていくのが、望ましい姿である。社会的対応力の中で、南太平洋地域が有する利点は、地域コミュニティの相互扶助の伝統であろう。これまで、サイクロン災害などの問題に直面したときに、被害復旧の原動力としてそれが発揮されてきた。社会の西欧化の流れの中で徐々に弱まっているとはいえ、こうした社会的伝統を維持することが重要であろう。

他方、この地域の特徴は、財政力や技術力がきわめて小さいことである。ツバルの例でみたとおり、とくに小さな島国では、これらを有する国はまったくないといってよい。個々の国の経済・技術基盤の弱さを考えれば、社会的な対応力形成を地域として協調的に推進するのが現実的である。各国自身が、すでに政治的、経済的課題での地域協力の重要性を認識しており、さまざまな地域国際機関が設立されている。環境面では、南太平洋地域環境計画（SPREP）が活発に活動しているが、こうした機関を核にしながら、地域として対応力が形成されることが期待される。

南太平洋地域の海面上昇や気候変動に対する脆弱性はきわめて大きい。その一方で、対応力は限られており、地域に協調的に蓄積していくとしても長い時間が必要である。そのため、この地域が長期にわたる地球環境変動にどうのように対応可能かの見通しは、なお不透明であるといわざるを得ない。

文献

（１） Mimura, N. and N. Pelesikoti(1997) Vulnerability of Tonga to future sea-level rise, *Journal of Coastal Research, Special Issue* **24**, 117-132.

（２） Douglas, N. and N.Douglas(1988) *Tonga: A Guide*, Pacific Profiles, 176p.

（３） IPCC WGI(1990) *Climate Change, The IPCC Scientific Assessment*, Cambridge University Press, 365p.

（４） Sem, G., J.R.Campbell, J.E.Hay, N.Mimura, E.Ohno, K.Yamada, M.Serizawa, S.Nishioka(1996) *Coastal Vulnerability and Resilience in Tuvalu*, Assessment of Climate Change Impacts and Adaptation Phase IV, SPREP, EAJ and OECC, 130p.

（５） 山田和人・芹沢真澄・大野栄治・三村信男・西岡秀三（１９９７）気候変動・海面上昇に対するツバルの脆弱性　第５回地球環境シンポジウム講演集　土木学会　１２７―１３２頁

（６） Mimura, N. and P.D. Nunn(1998) Trends of beach erosion and shoreline protection in rural Fiji, *Journal of Coastal Research*, **14**, 1, pp.37-46.

10

原単位法によるタイ国沿岸域での影響予測評価

黒木貴一

一　海面上昇の影響予測の背景

これまでの影響予測の取り組み

ＩＰＣＣ（気候変動に関する政府間パネル）の第二次報告[1]では、平均海面水位が過去百年間に10〜25cm上昇した観測事実と、２１００年には約50cm海面が上昇するだろうという予測が示された。「海面上昇により、沿岸域の土地条件には大きな変化が生じ、それによって自然の生態系や土地利用が変化していくだろうし、また沿岸域では高潮や洪水の危険性が高まり、場所によっては水没することも考えられる。現在でも干拓地や地盤沈下の著しい場所ではゼロメートル地帯があり、海面が上昇すると、今後そのような沿岸域では水没の危険にさらされる範囲はさらに広がることになろう。したがって海面上昇に対する効率的な対策を早急に進める必要が出てくる。それには少なくとも、水没の危険が及ぶ範囲の広がりと、その範囲にある社会経済的な資産量を事前に知っておくべきではないか」。このような問題意識を背景にして、これまで日本の沿岸域[2]、関東平野[3]、濃尾平野[4]、熊本平野[5]、バンコク地域[6]などで、水没範囲の推定と被害を受ける資産量の予測が実施され、海面上昇が社会に及ぼす影響の深刻さが示されてきた。これらに共通する影響予測の方法は、地盤高情報から水没範囲を求め、水没範囲に各種地理情報をオーバーレイ（地図情報を重ね合わせる）解析し、目的の範囲に分布する社会経済的資産を計算するものである。本章で紹介する影響予測方法もこのような解析法と基本的には同様の考え方である。

タイ国沿岸域で影響予測を実施する意味

海面上昇は地球的規模で生じるため、できるだけ多くの地域に適用できる影響予測方法を準備する必要がある。日本のようにさまざまな種類の地図や統計情報などの地理情報を用意できる先進国ならば、既存の数値情報を使ってＧＩＳによるオーバーレイ解析により、迅速かつ高精度に影響予測をおこなえるものと思われる。しかし、地理情報が不足していて、さまざまな事情から十分な地理情報を外部に公開できない開発途上国の場合は影響予測が難しい。アジアの開発途上国の中には、地盤高の大変低い地域に多くの人々が生活している国も多い。海津[7]は海面上昇が発生した場合のアジア南部のデルタ地域について、地形変化、塩害、地盤沈下等の影響を推定し、早急な対策が必要であると指摘した。そのような国にはタイ国も含まれる。そこで、タイ国バンコク市の東方に位置するバンパコン川下流域を例に、十分な地理情報が得られない場合の海面上昇の影響予測を試みた。本章ではその方法と予測結果について紹介する。

バンパコン地域の概要

タイ国はアジア大陸の東南部に位置し、その面積約51万㎢、人口約６１００万人（１９９６年）に及ぶ。国土はその地形から北部、東北部、中部、及び南部の４地域に区分され、東北部及び東部はラオス、カンボジアと、西北部及び西部はミャンマーと、南部のマレー半島部ではマレーシアと国境を接している。首都バンコク市の位置するタイ中央平原はチャオプラヤ川の沖積平野であり、関東平野の約10倍の広さに相

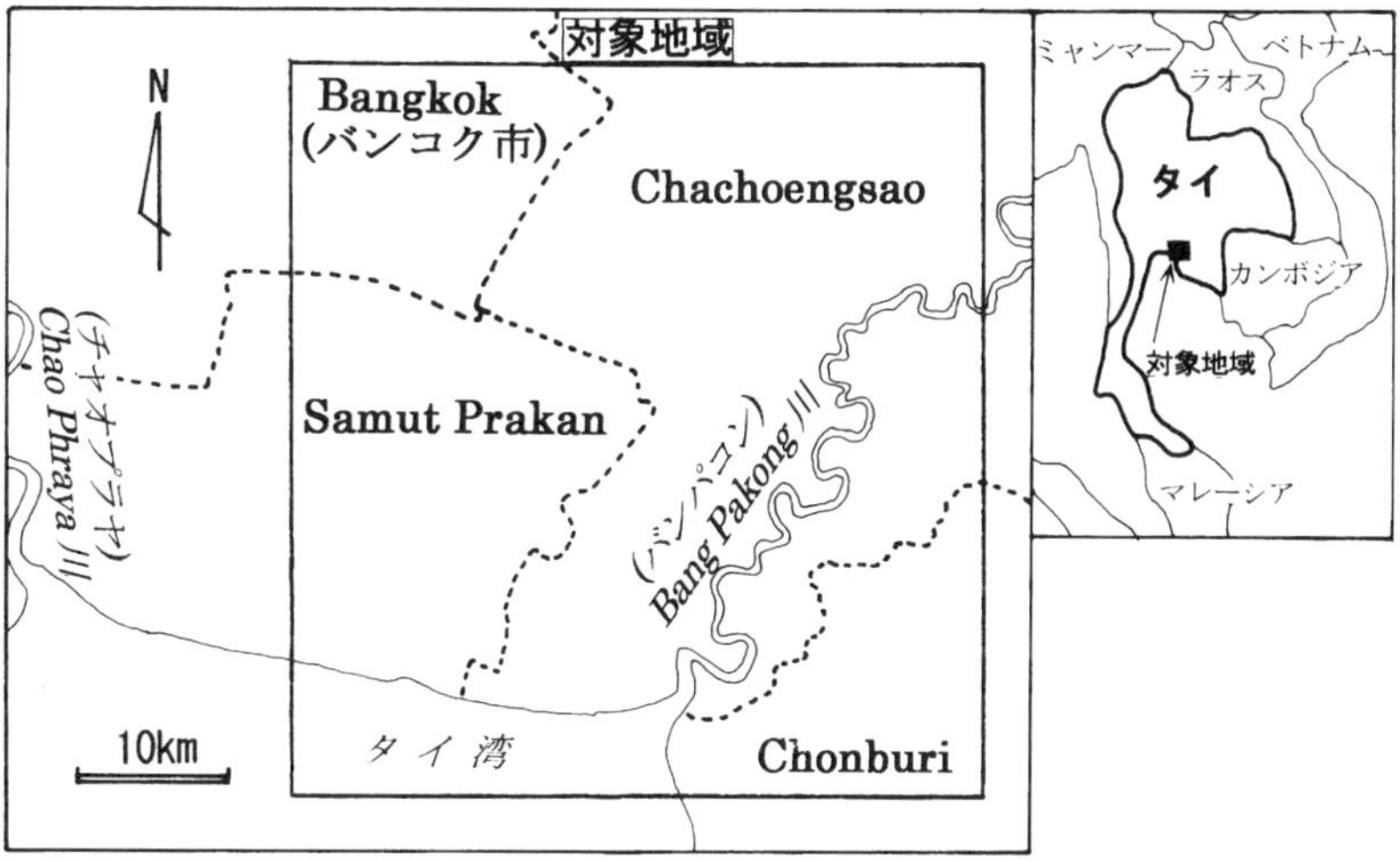

図１　影響予測を行ったバンパコン地域

当する南北３００km、東西50～１５０kmの広がりをもつ、ほとんど起伏のない地域である。

海面上昇の影響予測は、タイ中央平原（チャオプラヤデルタ）南東部に位置するバンパコン地域（北緯13度25分～13度50分、東経１００度45分～１０１度10分）の約２０００㎢で実施した（図１）。この地域には、県レベルの行政単位としてBangkok（バンコク市）、Chachoengsao、Samut Prakan、Chonburiが含まれる。調査対象地域の東部にはバンパコン（Bang Pakong）川が北東から南西に向かって流れ、その南と東は次第に高度を増し山地となっている。北、北西部は低平な平野で、ごく緩やかな傾斜となっている。バンパコン地域は経済成長が著しいバンコク市に比べると、都市化はあまり進んでおらず田園風景が広がっている。ただ、海岸付近ではマングローブ林の伐採を伴う養殖場や、工業団地の造成など土地利用改変が多い。

図２はバンパコン地域の地形分類図である。作成にあたっては大倉ほか[8]による地形分類図及びその作成方法を参考にした。バンパコン川沿いには旧河道、自然堤防、後背湿地が多数分布し、自然堤防上には集落が立地している。最も南の海岸部には潮汐平野が広く分布する。河川によって運搬されたシルト及び

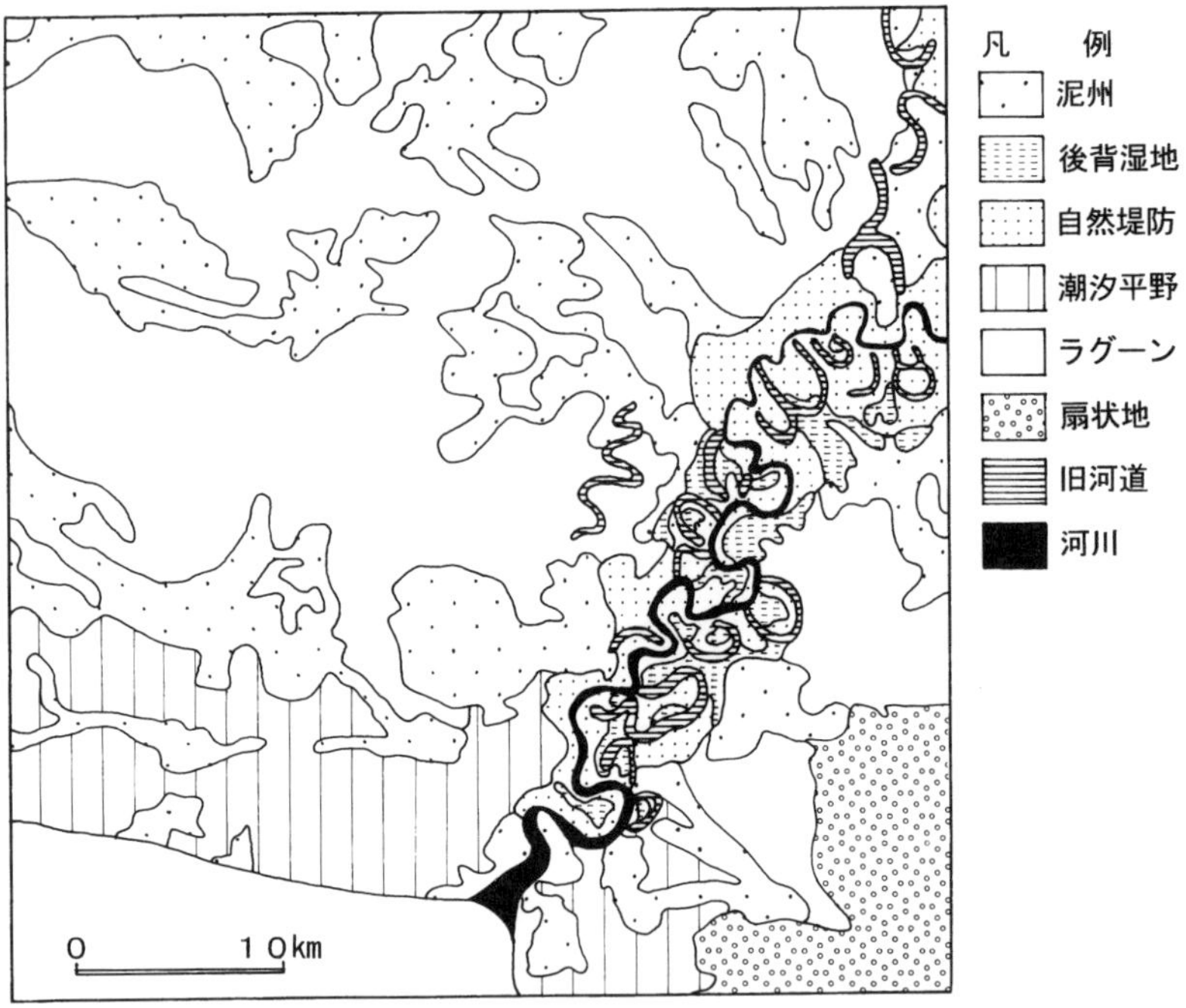

図2　地形分類図

粘土が海流の影響で海岸線に沿って堆積した微高地である泥州が見られる。泥州は内陸側に海岸線にほぼ並行する3列の泥州列をなしている。またバンパコン地域の南東部には扇状地が見られる。

二　地図情報と原単位を用いた影響予測の方法

予測手順

海面上昇の影響予測では、まず水没範囲を予測し、それに続いて水没範囲にある社会経済的資産量を見積もる。紹介するバンパコン地域の影響予測は１９９3年に実施したものである。社会経済的資産への影響は「バーツ（１９９３年頃は1バーツが約5円）」や「人」の単位で表現する。その時、いくつかの前提条件が必要となる。まず、(a) 海面上昇による水没範囲を取り扱う際には、地形応答を上回る海面上昇量があり、将来的な海岸防御等の人為的な地形改変は一切行われず、現在の地盤高で将来の水没範囲を示せるという前提を設けた。したがって、堤内地において地盤高が海水面よりもすでに低ければ、今現在でも水没しているものとして取り扱うこととする。次に、(b)海面上昇による影響を取り扱う際には、水没範囲における半永久的な土地の損失のような長期にわたる影響を考え、現在の土地利用や資産価値および物価は将来とも変化しないという前提を設けた。

影響を予測する社会経済的資産の項目を、金額に表せるものと表せないもの、金額に表せるもので実体のあるものと実体のないもの、金額に表せかつ実体があるもので、動かせるものと動かせないものという観点から整理する。それらは、①内陸へ移動できずに水没する土地の値段で表す［土地（地価）］や、家屋などの［構造物資産］、②内陸に移動できる自動車、農機具、家庭用品などの［償却資産］、及び未処分の農作物などの［在庫資産］、③1年間の生産額で［土地生産性］、④水没した際に移動を余儀なくされる居住及び就業人口の人的資産で［撤退人口］である。日本では、全項目についての影響予測が行われた[4][5]が、バンパコン地域では現地調査での情報入手が難しかったことから、社会経済的資産の項目は、①土地、②土地生産性、③撤退人口（居住人口と就業人口）となっている。これらの項目に関する影響予測のために実施した地理情報の解析手順は以下の通りである。

(1)土地利用図を作成する

バンパコン地域には、例えば家屋やその居住者、あるいは区画された土地のような個別の社会経済的資産について、地理座標が与えられた地理情報は整備されていない。そのため、精度良い細かな地理情報を解析することからの影響予測は実施できない。そこで社会経済的資産の空間分布が面的に表現されているものとして土地利用図を利用する。すなわち、個別の社会経済的資産が土地利用空間というある程度の広がりをもつ等質空間に平均化されて分布しているものとみなし、影響予測に土地利用図を用いるものである。

⑵原単位を求める

一般的に原単位は、環境負荷量を表すために用いられる量であり、環境負荷物質の排出元1単位あたりの排出量で表されている。例えば、点的な原単位としては生活雑排水の平均全窒素（△g／人・日）や豚から発生する全燐（□g／頭・日）など、線的な原単位としては乗用車のSO_x総排出係数（○g／台・km）など、面的な原単位としては山林から発生する全窒素（●g／ha・日）や水田から発生する全燐（▲g／ha・日）などがあげられる。このような基本単位あたりの量という原単位の概念は、洪水被害の算定に用いられるデフレーター（千円／世帯、千円／人、千円／戸など）や人文地理学でよく用いられる人口密度（人／km²）とまったく同じものである。調査対象地域において、水没範囲に対する社会経済的資産量を求めるために、あらかじめ単位面積あたりの資産量を用意する。その基礎単位は「資産の原単位」であり、以下では「原単位」と略称する。原単位は土地利用区分ごとに単位面積当たりの各量（バーツ／m²、人／km²）で表現する。

⑶地盤高図を作成する

バンパコン地域において等高線間隔1m程度の地盤高情報は入手が困難なため、バンコク地域の地盤高情報からバンパコン地域の地盤高を推定する。既存情報としてバンコク地域の地形分類図と地盤高情報を用意する。次に地形分類ごとに海岸線からの距離を変数とした地盤高モデルを求める。地盤高モデルは、$y = a_l \times b_l^x$（y：標高、x：海岸線からの距離、a_l及びb_lは地形lに対する定数）の海岸線からの距離と標高の関係式で表した。その地盤高モデルを別途作成したバンパコン地域の地形分類図に適用し、バンパコン地域の各地形について海岸線からの距離から地盤高情報を求めた。[9]

⑶に続く地理情報解析は、⑷土地利用図と地盤高図をオーバーレイし水没範囲を認定する、⑸水没範囲

の土地利用区分別面積を求める、⑹土地利用区分別面積に原単位を乗じる、⑺計算結果を土地利用区分別面積ごとに、または地盤高ごとに評価する、である。次に、土地利用図の作成と原単位の計算過程についてより詳しく説明する。

土地利用図の作成

土地利用図は人工衛星データから作成する。土地利用情報の整備されていない地域で、人工衛星データから土地利用情報を取得することは、①人工衛星データに周期性があり予測のためにより適切なデータを選択できること、②広域の土地利用情報を迅速に取得できること、③調査地に直接立ち入る必要がないこと、④スペクトルデータが得られ様々な分析ができること、などの点で海面上昇の影響予測のためには大変有利であると考えられる。用いた人工衛星データはランドサットＴＭデータ（分解能：30m、バンド数：7、撮影日：1987年12月9日、ＰＡＳＳ-ＬＯＷ：129-51）で、このデータから最尤法を用いて土地利用図を作成した。最尤法は、現地調査によって確認された土地利用区分ごとの典型的な景観を持っている場所のデータを教師データとし、それと同じ特性をもつ場所を自動的に抽出する方法である。したがって、人工衛星を使って土地利用図を作成するには、現地調査をおこなって典型的な土地利用景観をもつ場所、すなわち土地利用を分類するための教師となるトレーニングエリアを選定する必要がある。1993年1月にバンパコン地域で土地利用景観の観察をおこなった。その結果と人工衛星データによる土地利用区分の精度も考慮し、対象地域の土地利用として住宅地区、商工業地区、乾田、湿田、果樹園、マングローブ、養殖場、水域の8区分を設定し、土地利用図を作成した（図3、口絵参照）。

バンパコン地域の土地利用景観は日本とは異なることが多いため、土地利用区分ごとに概説する。住宅地区では、海岸付近や水路沿いに分布する床の高い木造家屋が多く見られる（写真1）。商工業地区は、商業、工業の各事業所とともに、そこで働く従業員のアパート等の住居も混在している地域である。商業地区、工業地区とも広い水路や道路に面する交通至便の場所にあるが、工業地区は郊外に立地する傾向があり、商業地区は集落の中心に立地することが多い。古くからの商工業地区では、居住家屋そのものが商店であったり居住敷地内に工場が見られたりする職住一致型である。例えば、そのような工業種としては煉瓦工場や精米工場、海岸付近に見られる造船所などがある。一方、海岸付近では大規模な商工業地区の造成が至る場所で行われており、それらはランドサット画像からも容易に判別できる。そのような場所では

写真1　住宅地区の景観（床の高い木造家屋）

写真2　古くからの商業地の景観（八百屋）

写真3　新しい商業地の景観（雑貨店や屋台）

日本をはじめ様々な外国資本の工場が進出していて、工場に隣接して職員住宅が設置されていることが多かった。したがって、商工業地区は住宅地区として土地利用を区分しなかったものの、居住地でもある。例として、古くからの商業地（写真2）と新しい商業地（写真3）の景観写真を示す。

水田は、潅漑施設がなく年一回の水田耕作を行う乾田と、潅漑施設があり年数回の耕作ができる湿田とに区分できる。果樹園は、アブラヤシ、ココヤシ、マンゴー、バナナ等が栽培されている（写真4）。果樹園には普通畑も含めている。マングローブは熱帯の海岸付近や河川沿いに多く見られる汽水生の植物類の総称である（写真5）。現在バンパコン地域のマングローブ林は海岸付近でおこなわれている開発のために

写真4　果樹園の景観（手前がアブラヤシで遠くがマンゴー）

写真5　マングローブ林の景観

写真6　えび養殖場の景観

大規模に破壊されつつある。養殖場は、水田やマングローブ林を伐採したあとに掘り込んで造成されたもので、エビ、淡水魚、海水魚が養殖されている（写真６）。また海岸部には塩田も見られる。水域には河川と海域が含まれる。

これらの土地利用景観の観察結果を踏まえて、土地利用図を自動分類するためのトレーニングエリアを、住宅地区１ヶ所、乾田７ヶ所、湿田４ヶ所、商工業地区２ヶ所、果樹園３ヶ所、マングローブ２ヶ所、養殖場２ヶ所、水域５ヶ所と、なるべく複数の箇所を選定した。

原単位の計算

⑴原単位計算の分母となる面積値の準備　バンパコン地域にある４県（Changwat）、14郡（Amphoe）、１０３市町村（Tanbon）の行政区分図を入手し、各行政区面積を求めた。またバンパコン地域の設定区画線で分断される行政区があるため、行政区それぞれについて面積値以外にバンパコン地域内の面積占有率も求めた。面積占有率は、後述する居住人口、就業人口の原単位計算に使用する。

また土地利用図と行政区分図をオーバーレイ解析し、行政区毎に土地利用区分別面積を求めておく。

⑵水没する土地の損失を予測するための原単位　地価の情報は、バンパコン地域ではなくバンコク市及びその周辺域の値を得た。土地利用区分ごと（水田、エビ養殖場、果樹園、住宅地区、商業地区、工業地区、その他）に複数の情報がある。バンコク市及びその周辺域とバンパコン地域との間には、土地利用区分では同じとされても土地利用景観が異なる場合や、土地利用景観は同じとされても今後の都市化の可能性にちがいがあるので、それらの条件を考慮してバン

パコン地域に適用する地価を土地利用ごとに１つ定めた。

水田の地価は１２５０～１００００[注1]（バーツ／㎡）である。都市化の影響を受けていると考えられる高い地価の５０００～１００００（バーツ／㎡）を除いた地価を平均し、乾田及び湿田の原単位を１７５０（バーツ／㎡）とした。エビ養殖場の地価は７５０～２０００（バーツ／㎡）ある。養殖場がバンコク市街地から遠く離れた海岸付近にあることを考慮してすべての地価を平均し、養殖場の原単位を１３３３（バーツ／㎡）とした。果樹園の地価は１５００～１２５００（バーツ／㎡）である。都市化の影響を受けていると考えられる高い地価の５０００～１２５００（バーツ／㎡）を除いた地価を平均し、果樹園の原単位を１８３３（バーツ／㎡）とした。住宅地区の地価は５０００～４５０００（バーツ／㎡）である。バンパコン地域の住宅地区はマングローブ、水田、果樹園の分布する地域にあることから考えると、これらの地価は周囲の土地利用の地価に比べて著しく高い。そこで最低地価の５０００（バーツ／㎡）を住宅地区の原単位とした。商業地区の地価は１２５００～５００００（バーツ／㎡）で、工業地区の地価は１０００～５００００（バーツ／㎡）であり、同じような範囲に地価がばらついている。両者とも最高値５００００（バーツ／㎡）が突出した値なので、それら除いた地価を平均し、商工業地区の原単位を１５３１３（バーツ／㎡）とした。その他の地価をマングローブの地価に代用した。それらは２０００～７５００（バーツ／㎡）である。都市化の影響を受けていると考えられる高い地価の７５００（バーツ／㎡）を除いた地価を平均し、マングローブの原単位を２２５０（バーツ／㎡）とした。

⑶水没する土地の土地生産性を予測するための原単位

乾田及び湿田に関しては、県別の一期作と二期作に関する収穫面積と収穫高の情報を入手した。

一期作水田を乾田に対応させ、二期作水田を湿田に対応させて、県別に収穫高を収穫面積で除して原単位とした。結果として、県ごとの乾田の原単位は最小が0・63（バーツ／㎡）で最大が1・04（バーツ／㎡）、湿田の原単位は最小が0・93（バーツ／㎡）で最大が1・53（バーツ／㎡）となった。果樹園に関する情報は収集できなかったため、一期作と二期作水田の原単位の平均値を果樹園の原単位に代用した。養殖場に関しては、エビ養殖場の原単位を県別に把握できた。そこで全国の「エビ養殖場の原単位：15・56（バーツ／㎡）」の「エビと淡水魚養殖場の原単位：14・20（バーツ／㎡）」に対する割合（0・91）を補正係数として、県別のエビ養殖場の原単位にその補正係数を乗じて養殖場の土地生産性原単位とした。結果として、養殖場の原単位は最小が2・15（バーツ／㎡）で最大が19・41（バーツ／㎡）となった。商工業地区に関しては情報が入手できず、バンコク市の商業及び工業の土地生産性の原単位[6]（それぞれ1060（バーツ／㎡）、4260（バーツ／㎡）を代用した。土地利用区分では商業地区と工業地区が分かれていないため、商工業地区に対する商業及び工業の原単位比率を求めた。原単位比率は、商業が「商業原単位／（商業原単位＋工業原単位）＝0・199」、工業が「工業原単位／（商業原単位＋工業原単位）＝0・801」である。したがってバンパコン地域の商工業地区に対する商業原単位は210・9（バーツ／㎡）で、工業原単位は3412・3（バーツ／㎡）となる。住宅地区及びマングローブに土地生産性は考慮していない。

⑷居住地を失う人口を予測するための原単位

入手できた居住人口の情報は市町村ごとのものである。居住者は住宅地区と商工業地区に分布している。したがって原単位は、居住人口にその市町村の面積占有率を乗じ、次に住宅地区と商工業地区の合計面積で除して求めた。結果として市町村ごとの居住人口の原単位は、最小が268・1（人／㎢）で最大が25180・1（人／㎢）となった。

(5)職場を失う人口を予測するための原単位

入手できた就業人口の情報は、郡毎に農業、工業、商業及び公共が対応するその他という産業区分で整理されている。したがって原単位は、各就業人口にその郡の面積占有率を乗じ、対応する土地利用区分別面積で除して求めた。農業人口の原単位に関しては、農業従事者が乾田、湿田、果樹園、養殖場に均等に分布するものと考え、農業人口をそれらの土地利用面積の合計値で除して求めた。また土地利用図では商業地区と工業地区の分離がなされていないので、工業従事者もその他従事者もそれぞれ商工業地区に均等に分布しているものと考え、各就業人口を商工業地区の面積値で除して就業人口の原単位を求めた。結果として、郡毎の農業人口の原単位は最小が1.3（人／㎢）で最大が５６・３（人／㎢）、工業人口の原単位は最小が２６・５（人／㎢）で最大が２８９８６・６（人／㎢）、その他人口の原単位は最小が１７・７（人／㎢）で最大が８１９２・８（人／㎢）となった。

原単位と土地利用の対応付けの工夫

バンパコン地域における情報不足から、原単位の求められた土地利用区分と人工衛星データから作成した土地利用図の土地利用区分とは１：１に対応しない。そこで社会経済的資産に関する影響予測では、水没範囲の土地利用区分別面積に原単位を乗じる時に、土地利用図の土地利用区分に一つの原単位を対応付けできない場合、社会経済的資産項目ごとにそれぞれ工夫した。土地の損失の予測では、乾田にも湿田にも水田の地価原単位を対応付けた。土地生産性の損失の予測では、商工業地区に商業及び工業の生産性原単位をそれぞれ対応付けた。居住地を失う人口の予測では、住宅地区と商工業地区に居住人口の原単位を対応付けた。職場を失う人口の予測では、商工業地区にその他と工業人口の原単位をそれぞれ対応付け、また、乾田、湿田、果樹園、養殖場すべてに農業人口の原単位を対応付けた。

このように、社会経済的資産の分布を土地利用図に示された土地利用分布で示すこととし、原単位項目や原単位把握精度に応じて、原単位を対応付ける土地利用空間を自在に合理的に読み替えて、海面上昇の影響予測に利用する点が、原単位を用いた地図情報のオーバーレイによる影響予測方法の特色である。この一連の過程が「海面上昇の影響予測のための原単位法」である。

三　原単位法による影響予測結果

バンパコン地域の予測結果

図４は地盤高図と土地利用図をオーバーレイし、地盤高約３ｍまでの水没面積を土地利用区分別に表したものである。図から各土地利用とも地盤高約2.3ｍまでは、海面上昇とともに水没面積がほぼ直線的に増加していくことがわかる。しかしよく見ると海面上昇量が小さい時は、湿田の水没面積の増加は急で乾田の水没面積より大きいが、上昇量が大きくなると逆に乾田が湿田の水没面積を逆転することがわかる。また養殖場への影響は海面上昇約1.5ｍで頭打ちになることが読み取れる。つまり水没面積で見た海面上昇の影響の増え方は、土地利用区分ごとにそれぞれちがいがある。

図５は、今後の海面上昇速度を１００年で50㎝と仮定したときの、将来のいつ頃に水没面積が増大するかを20年前の水没面積との差分で土地利用区分別に表したものである。図から各土地利用とも水没面積の拡大速度は今後一定ではないことがわかる。例えば、湿田は乾田よりも１００年ほど早く水没面積拡大の最大のピークを迎えること、養殖場は湿田よりも数十年早く水没面積拡大の最大のピークを迎えることな

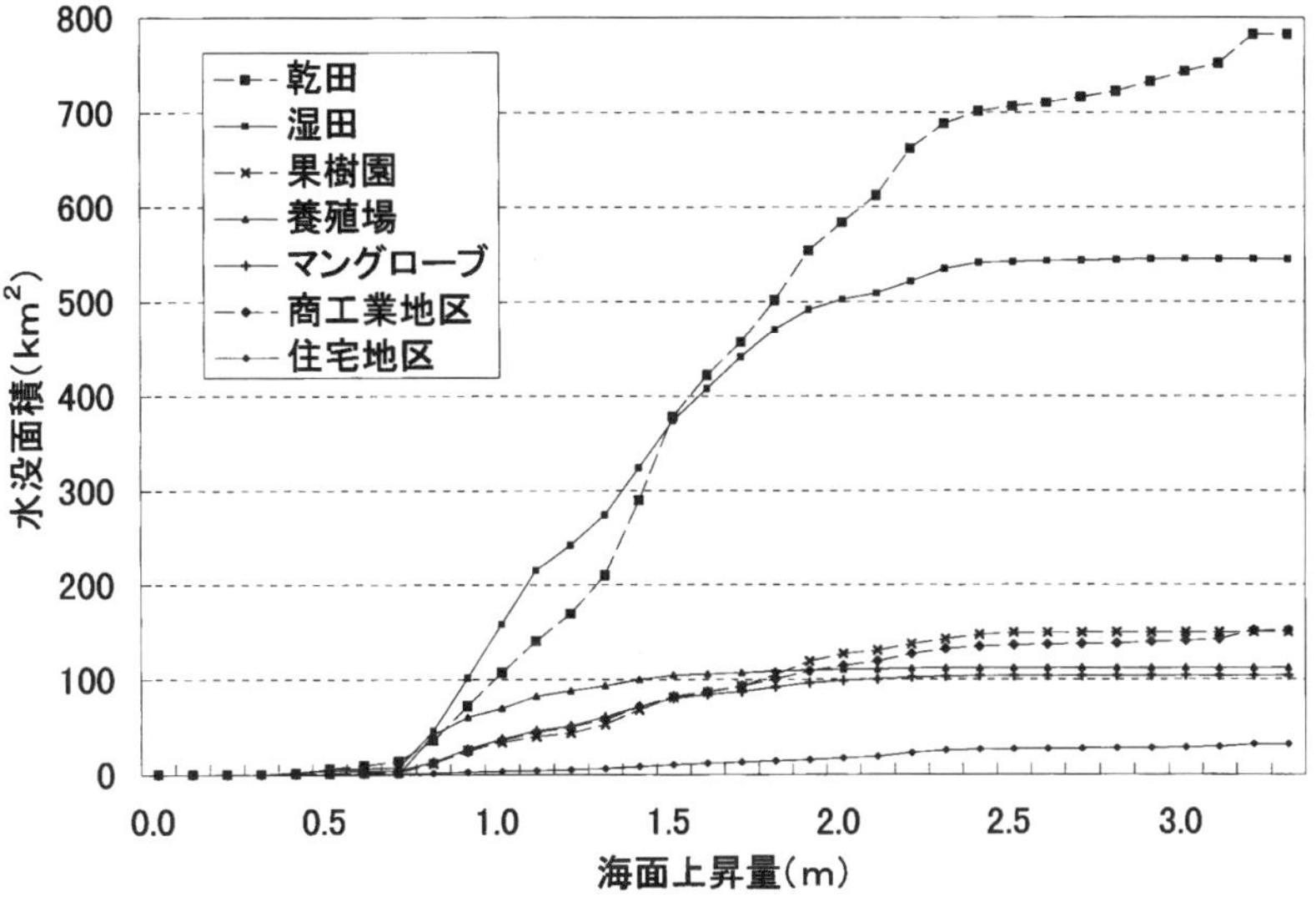

図4　海面上昇による水没面積の増加

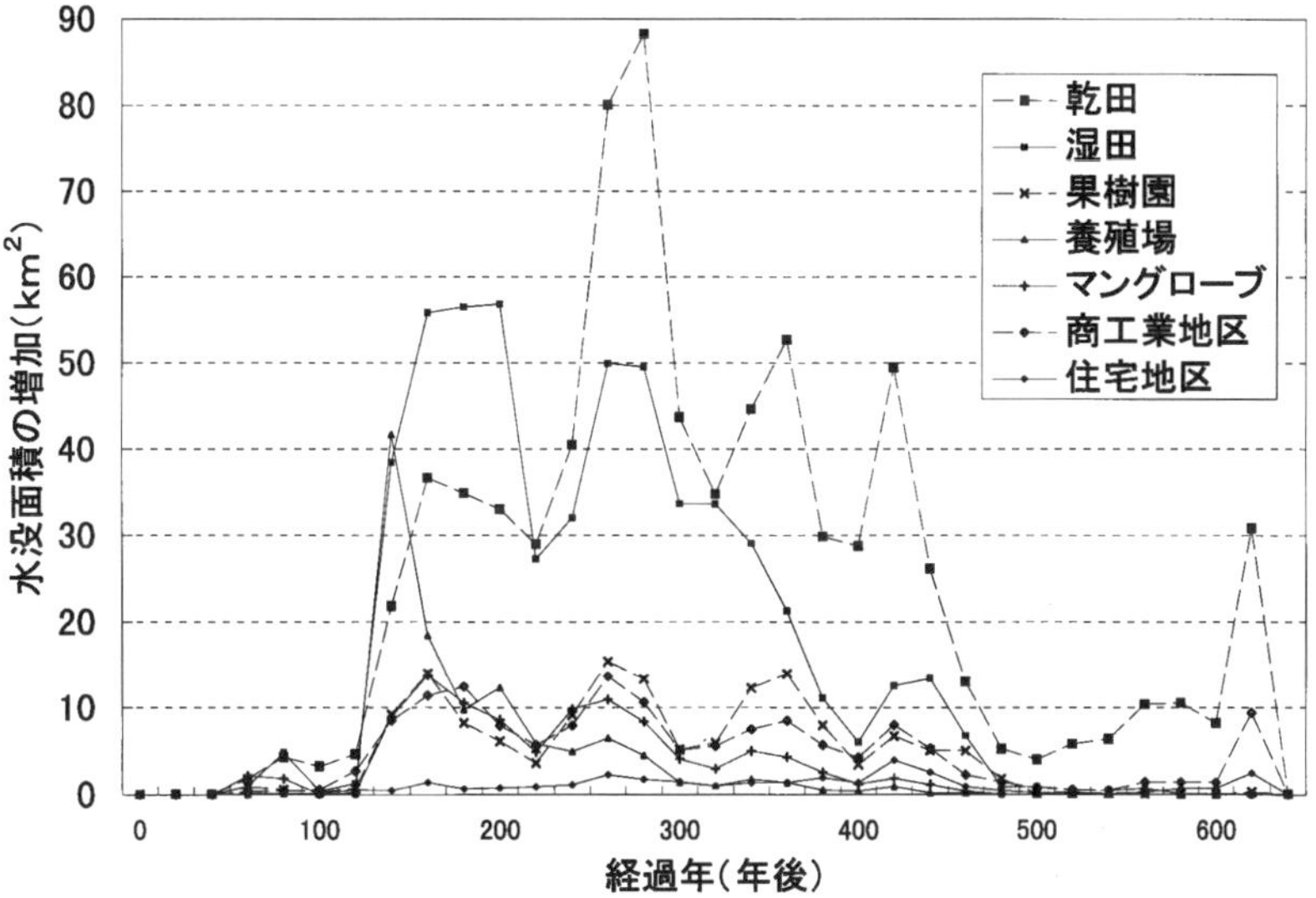

図5　20年間隔で見た今後の水没面積の増加速度

土地利用区分					
		居住地			
		商業	工業		
養殖場	マングローブ	商工業地区		住宅地区	合計
935(7)	**844(7)**	**5571(44)**		**173(1)**	**12791**
1470(3)	2228(5)	17532(40)		868(2)	43429
1493(3)	2338(4)	21510(41)		1414(3)	52036
85465(69)	**0**	**695(1)**	**2888(2)**	**0**	**124655**
124440(46)	0	2232(1)	9119(3)	0	273206
126174(42)	0	2745(1)	11201(4)	0	299311
0	**0**			**122079**	**122079**
0	0			462889	462889
0	0			533532	533532
4977(9)	**0**	**11703(21)**	**39801(70)**	**0**	**56481**
28750(20)	0	30197(21)	82200(58)	0	141147
36049(23)	0	33094(21)	85619(55)	0	154762
70.1(16)	**37.5(8)**	**36.4(8)**		**3.5(1)**	**446.9**
110.2(7)	99.0(6)	114.5(7)		17.4(1)	1554.0
112.0(6)	103.9(6)	140.5(8)		28.3(2)	1822.1

どがわかる。土地利用全体を見ると、ほぼ１００年周期で水没面積拡大のピークが訪れることが示されているが、これは泥州とラグーンの海岸線に並行配列する地形分布が地盤高分布に反映されていることを示している。したがって、地形分布は長い視点で広い範囲で海面上昇への対策を考える際に、いつ頃にどの土地利用区分に注意すればよいのかを考える良い目安となる。

表１は１ｍ、２ｍ、３ｍの海面上昇時について、それぞれの水没範囲における社会経済的資産への影響予測を行った結果である。商工業地区は水没面積では全体の１割未満であるが、土地の損失の予測結果を見ると全体の４割を占め最大である。一方、水没面積の最も広い水田は、商工業地区に次いで土地の損失が大きい。土地生産性の損失の予測結果を見ると、１ｍの海面上昇では養殖場において失われる土地生産性が水田に比べて極めて大きいが、３ｍの海面上昇では水田において失われる生産性のほうが養殖場よりも大きくなる。これは養殖場が海岸に近い場所に多く立地していることと関係している。居住地を失う人口の予測結果では、２ｍの海面上昇では１ｍの場合より４倍もの人が居住地を失うことが示されている。また、職場を失う農業人口の予測結果では、２ｍの海面上昇では１ｍの場合よ

表１　海面上昇による社会経済的資産の影響予測結果

	海面上昇量（m）	農業 水田 乾田	農業 水田 湿田	農業 果樹園
土地の損失（億ﾊﾞｰﾂ）	1	**1878(15)**	**2769(22)**	**621(5)**
	2	10213(24)	8793(20)	2325(5)
	3	13010(25)	9535(18)	2736(5)
土地生産性の損失（万ﾊﾞｰﾂ）	1	**9432(8)**	**22396(18)**	**3779(3)**
	2	50232(18)	72657(27)	14526(5)
	3	63206(21)	78832(26)	17153(6)
居住地を失う人口（人）	1	**0**	**0**	**0**
	2	0	0	0
	3	0	0	0
職場を失う人口（人）	1			
	2			
	3			
水没面積（km^2）	1	**107.3(24)**	**158.2(35)**	**33.9(8)**
	2	583.6(38)	502.5(32)	126.8(8)
	3	743.5(41)	544.8(30)	149.2(8)

*括弧内の値は、合計に対する百分率を示す。

表２　バンパコン地域と他の研究との予測結果の比較

	対象地域 ﾊﾞﾝﾊﾟｺﾝ地域	ﾊﾞﾝｺｸ地域(6)	熊本平野(5)	濃尾平野(4)	関東平野(3)	日本(2)
1m以下の面積（km^2）	446.9	1213.6	9.8	248.7	98.3	678.5
土地の損失（円）	6.4兆	-	3935.6億	36.0兆	68.4～80.4兆	-
仮に446.9km^2の場合（円）	-	-	17.9兆	64.7兆	311.0～365.5兆	-
対バンパコン比（倍）	**1**	-	**2.8**	**10.1**	**48.6～57.1**	-
土地生産性の損失（円）	62.3億	1.5兆	17.5億	3.5兆	-	-
仮に446.9km^2の場合（円）	-	5523.7億	798.0億	6.3兆	-	-
対バンパコン比（倍）	**1**	**88.7**	**12.8**	**1009.5**	-	-
居住地を失う人口（人）	12.2万	277.3万	1.0万	75.6万	-	178.0万
仮に446.9km^2の場合（人）	-	102.1万	45.6万	135.8万	-	117.2万
対バンパコン比（倍）	**1**	**8.4**	**3.7**	**11.1**	-	**9.6**
職場を失う人口（人）	5.6万	-	0.11万	42.3万	-	-
仮に446.9km^2の場合（人）	-	-	5.0万	76.0万	-	-
対バンパコン比（倍）	**1**	-	**0.9**	**13.6**	-	-

り5倍以上もの人が職場を失うこと、商業及び工業人口の予測結果では、２ｍの海面上昇では１ｍの場合より2倍以上もの人がそれぞれの職場を失うことが示されている。

仮に１ｍの海面上昇が発生した場合、図６（口絵参照）の範囲の４４７㎢が水没し、１９９０年頃の社会経済的資産価値で見積もると、年当たり12億5千万バーツの土地生産性と1兆3千億バーツ分の土地が失われることとなり、12万人が居住地を追われ、5万6千人が職場を失うという予測結果が得られる。

他の研究とバンパコン地域の予測結果の比較

表2はバンパコン地域と文献(2)～(6)で提示された他の地域における海面上昇１ｍの予測結果について、タイ国沿岸域での影響予測結果は日本円に換算して併記したものである。扱う地域によって社会経済的資産価値のちがい、計算手法のちがい、そして使用した地理情報の違いが結果に影響を及ぼし、また地盤高１ｍ以下の面積もまったく異なるため予測結果にはちがいがある。そこで、他地域での予測結果をバンパコン地域の１ｍ以下の面積である４４６・９㎢の範囲の割合に換算した。また、バンパコン地域の予測結果を1とした場合の他地域での予測結果の対バンパコン比も計算した。社会経済的資産ごとに対バンパコン比を比べると、いずれの予測結果でも、対バンパコン比の大きい順に関東平野＞濃尾平野＞バンコク地域＞熊本平野＞バンパコン地域の順序になっている。つまり社会経済的資産価値の平均的な分布密度でみると、バンパコン地域は他の地域に比べて単位面積あたりの資産価値が最も低い地域となる。しかし１ｍの海面上昇による水没面積でみると、バンパコン地域は関東平野、熊本平野、濃尾平野よりも広い範囲が水没するし、また社会経済的資産の全体の影響予測結果から考えると、熊本平野よりも影響は大きいことになる。このように、海面上昇の影響予測のための原単位法は、地理情報の少ない開発途上国であっ

ても、日本とほぼ変わることなく影響予測を実施できる方法である。

四　地理情報の不足する地域を対象とした海面上昇の影響予測

地理情報の不足するバンパコン地域を対象とした海面上昇の影響予測過程と、地理情報を扱う際の考え方の特色及び注意点をまとめると、次の通りである。

⑴社会経済的資産の項目を、土地、土地生産性、居住人口、就業人口に整理して原単位を求める。これらの項目は、地表に展開される私たちの暮らしを考えながら、実体があるか？　動かせるか？　お金に換算できるか？　という判断を行って定める。また収集資料の精度や統計区が多様で各項目の地域スケールをそろえた原単位を求めにくい場合、市町村、郡、県、全国単位等のさまざまな地域スケールに対して計算された原単位を適宜代用する。

⑵社会経済的資産の原単位は、収集資料にある職種や産業区分等を土地利用区分に読み替え、資産の単位面積あたりの分布量を土地利用区分ごとに計算して求める。土地利用区分ごとの原単位を用いる影響予測のイメージを、詳細な地理情報が整備されている場合の影響予測と、地理情報の不足する場合の影響予測とを対比させて明らかにする。通常、地理座標を持った家屋情報がある場合、ＧＩＳ解析から地盤高１ｍ未満の範囲に10軒の家屋があると即判明し、該当する家屋を10回積み上げ計算すると海面上昇の影響予測となせる。対してバンパコン地域はある地域の家屋の個数情報しかない場合に相当する。そこで原単位法では、ある地域の住宅地区の家屋密度は0.1（軒／ha）という情報を別途用意し、ＧＩＳ解析から地盤高１ｍ未満の住宅地区は１００haあることを知り、その面積に原単位を乗じて海面上昇の影響予測となすも

のである。
⑶人工衛星データから得られた土地被覆区分を、土地利用区分に読み替えて土地利用図とする。建物等の地表の被覆状況が似通っている商業、工業などは判別が難しく、逆に植生のちがいから果樹園、乾田、湿田などは良く判別できるため、土地利用図の土地利用区分数に対して原単位の土地利用区分数が少なかったり多かったりする。そのため原単位を対応付ける土地利用の特徴を現地で十分に確認する必要がある。

⑷ＧＩＳを用いて土地利用図と地盤高図をオーバーレイし、水没範囲に原単位を乗じて社会経済的資産の影響予測とする。この時、複数の土地利用区分に対し１つの原単位を、１つの土地利用区分に対し複数の原単位をという対応付けの工夫で、少ない地理情報であっても影響予測が可能となる。

タイ国バンパコン地域についておこなった海面上昇による影響予測方法の特徴は、①海面上昇による水没範囲を知るためのオーバーレイ、②分布対象としての土地利用空間の区分に分布事象としての社会経済的資産の職種や産業区分を対応付ける読み替え、③社会経済的資産の分布密度に相当する原単位を用いた影響予測の３点にある。既存の土地利用図がなく統計資料等も少ない場合でも、この原単位法を用いれば収集資料の情報を最大限に生かせ、社会経済的資産の分布と人工衛星データによる土地利用分布との対応付けを工夫することで、海面上昇による影響予測は可能となる。また、地域独特の土地利用景観や産業形態を現地調査から知ることで、その影響予測の精度を高めることもできる。

謝辞
本章の内容は、筆者が建設省国土地理院に在職していた１９９２年度に実施した地球環境研究総合推進費による

「地球の温暖化による海水面上昇の影響予測に関する研究」の成果⑽を骨子としており、その実施に当たっては、当時の地理調査部地理第二課の方々に多大な支援を受けた。また原単位計算に使用した社会経済的資産等の情報は、東京大学生産技術研究所村井研究室及びNRCT（タイ国科学技術エネルギー省国家研究評議会）事務局リモートセンシング部の協力で入手したものである。以上の皆様に記して厚く御礼申し上げます。

注1　タイバーツは2・83円（2001年7月4日）

文献

(1) IPCC［気候変動に関する政府間パネル］編，環境庁地球環境部監修（1996）IPCC地球温暖化第二次レポート　128頁

(2) 松井貞二郎・磯部雅彦・三村信男（1992）海面上昇の沿岸域に対する影響評価　'92日本沿岸域会議研究討論会講演要旨集　No. 5　74—75頁

(3) 東京大学先端科学技術研究センター共同調査チーム（1992）地球の温暖化による都市環境へのインパクト—東京湾奥部をケースにして—　32頁

(4) 黒木貴一・赤桐毅一（1994）海水面上昇による沿岸への影響予測手法について（濃尾平野）日本地理学会予稿集　46号　42—43頁

(5) 黒木貴一・赤桐毅一（1996）海水面上昇の影響予測に用いた資産の原単位法について—熊本平野の事例—　季刊地理学　48巻　2号　96—114頁

(6) 黒木貴一・赤桐毅一（1996）「原単位法」を用いた海水面上昇の社会経済的影響予測—バンコク地域の事例—　季刊地理学　48巻　3号　161—178頁

(7) 海津正倫（1989）アジア南部のデルタにおける海面上昇の影響　科学　59巻9号　629—633頁

(8) 大倉博・春山成子・大矢雅彦・スーウィットウイブーンセート・ランプンシムキン・ラサミー　スワウィラカムトン（1989）衛星リモートセンシングによるタイ中央平原の水害地形分類　国立防災科学技術センター研究速報　83号　25頁

（9）赤桐毅一・鈴木美奈男・田口益雄・飯田　誠・黒木貴一・永山　透・柴崎亮介・垣内博昭（１９９３）地球の温暖化による海水面上昇等の影響予測に関する研究Ⅰ（第３年次）―リモートセンシングデータを使った地盤高推定について―（タイ国バンパコン地区）―　地理調査部研究報告　９号　１０６―１１４頁

（10）建設省国土地理院（１９９３）平成４年度地球の温暖化による海水面上昇等の影響予測に関する研究作業報告書（第２部）　２３８頁

11

タイ国南部ソンクラー湖における影響予測評価

平井幸弘

一　海面上昇の影響予測・評価で何が重要か

気候変動に関する政府間パネル（ＩＰＣＣ）は、２００１年１月に「地球全体の平均気温は、１８６０年頃から現在までですでに0.4〜0.8℃上昇したと指摘し、２１００年までに気温はさらに1.4〜5.8℃、海水面は9〜88㎝上昇する」という最新の予測を発表した。１９９９年11月の中部ベトナムの豪雨災害[1]や２０００年秋のメコン川流域の大洪水など、近年世界各地で高潮や洪水などの気象災害が頻発しており、今後ますます地球の温暖化やそれにともなう海面上昇の影響が、各地で大きな災害となって現れるのではないかと懸念されている。

そのような中２０００年11月には、アジア・太平洋地域の20カ国61名の研究者が神戸に集まり、「地球環境変動のアジア・太平洋沿岸域への影響と適応策」を話しあう国際会議が開かれた[2]。その会議で印象的だったのは、各国・各地域の海岸における環境問題の実態や社会的背景が、実に様々であったことである。

例えば南太平洋の低平なサンゴ礁の島々では、サイクロンの進路にもあたるため、高潮・浸水、海岸侵食がすでに大きな問題になっており、例えばフィジーでは１９５０年代以降大部分の砂浜が後退している[3]。会議では、マングローブ林の破壊、沿岸の汚染、増加する観光業、浜砂の採掘、港湾建設などの人為的な圧力によって、海岸そのものの海面上昇に対する回復力・抵抗力が落ちている点が強調された。またサモアでは、首都を除く大部分の人びとが自給自足経済に依存しており、[4]ここでは将来の海面上昇に対する全島域での脆弱・危険区域の地図化と、住民への啓蒙について報告された。一方ベトナムからの報告者は、海面上昇に対してもっとも脆弱なメコンデルタで、海面が30㎝上昇するだけでデルタ全域が毎年のように浸水すると訴えた。また、メコンデルタでは過去20年間に、海面上昇の影響で塩水がより内陸にまで侵入している問題も指摘されている。[5]

すなわち、将来の海面上昇による沿岸・海岸域への影響を予測し評価する場合、まず各国・各地域が置かれている自然および社会・経済的な現状を十分把握し、それぞれの地域が抱えている外的および内的ストレス、あるいはその土地固有の特質を十分に考慮することが必要不可欠である。

筆者はこれまで、海岸に位置し古くから土地・水利用が行われ、近年急速に都市化の影響を受けて、様々な環境問題に直面している国内外の海跡湖を対象として、開発と環境の問題を論じてきた。[6・7・8]本章では、そのうちタイ国ソンクラー湖を事例として、右に述べたように地域の持っている諸条件の把握に重点を置いて、将来の海面上昇の影響を予測評価し対応戦略ついて考えてみたい。

海面上昇の影響予測評価に際して、確立された統一的手法はまだない。そこで筆者は、IPCC CZMS の海面上昇に対する各国の脆弱性評価の共通手法[9・10]を参考にして、海跡湖における海面上昇の影響予測評価の手順を、図1のように7つのステップに整理した。[11]この一連の影響予測評価の手順のなかで重要なのは、ステップ④の湖岸・海岸地帯の区分と類型化と、ステップ⑤の「発達要因」の抽出である。「発達要因」(IPCC CZMS の共通手法では"Development Factors")とは、各地域が将来に向かってさまざまに変貌(発展/停滞/衰退)していく過程で、それを促進あるいは阻害すると考えられる自然および社会・経済的な

ステップ①

基礎的なデータの収集
(LANDSAT、SPOT、JERS などのリモートセンシング画像、地形図、海図、土地利用図などの地図情報、各種統計書など)

ステップ②

対象的とした海跡湖の詳細なデータの収集
（既存の研究成果、空中写真、地盤高図、小単位の各種統計資料など）

⬇←データの解析・現地調査

ステップ③

自然システム	社会・経済システム
a．地形条件（低地の微地形分類）	a．土地利用
b．水文条件（降水、地下水、湖水）	b．水利用

⬇←総合

ステップ④

自然及び社会・経済システムの特色による湖岸・海岸地帯の区分と類型化

⬇←考察

ステップ⑤

類型化された各タイプごとに「発達要因」の抽出と海面上昇の影響予測評価

⬇←統合

ステップ⑥

対象地域（海跡湖）全体としての海面上昇の影響予測評価

⬇←モデル化

ステップ⑦

ほかの地域（海跡湖）での海面上昇の影響予測評価への適応

図1　海跡湖における海面上昇の影響予測評価の手順（平井、1999 を一部改変）[11]

要因を指す。

そこで以下の第二節では、まず事例としたソンクラー湖湖岸における様々な自然—社会・経済システムについて紹介し、第三節で具体的に将来の海面上昇の影響予測と評価を行い、最後に第四節で対応戦略について考える。

二　ソンクラー湖における多様な湖岸景観

ソンクラー湖はタイ国南部のマレー半島東岸に位置し、南北の長さ約90km、東西の幅約25km、面積１１８２㎢、霞ヶ浦の約６・５倍の大きさをもつタイ国最大の海跡湖である。一般にソンクラー湖と呼ばれるが、北側の小さなノイ湖、中央のルアン湖、そして南側のタイランド湾とつながるサップソンクラー湖の３つの湖盆からなる。（図２）。

ソンクラー湖の湖岸線の総延長は３９４kmもあり、[12]湖岸には自然の砂浜や湿地、メラルカ林やマングローブ林、そして水田や大規模な養殖池、また市街地やリゾート地域など様々な地形や土地利用が見られる。そのような多様な湖岸地帯で、将来の海面上昇の影響をより的確に予測し評価するためには、先に述べたように、それぞれ特色ある地区ごとにその地域の「発達要因」を抽出し認識することが重要である。

そこでまず、湖岸地帯の自然および社会・経済システムの特徴を把握するために、図１のステップ③に示したように、それぞれ地形・水文条件、および土地利用・水利用について、既存の資料のほかランドサットＴＭ画像の解析、また現地での観察、測量、聴き取りなどを行った。

その結果、ソンクラー湖の湖岸地帯は①タイランド湾と湖盆とを隔てる浜堤列平野、②ソンクラー市市

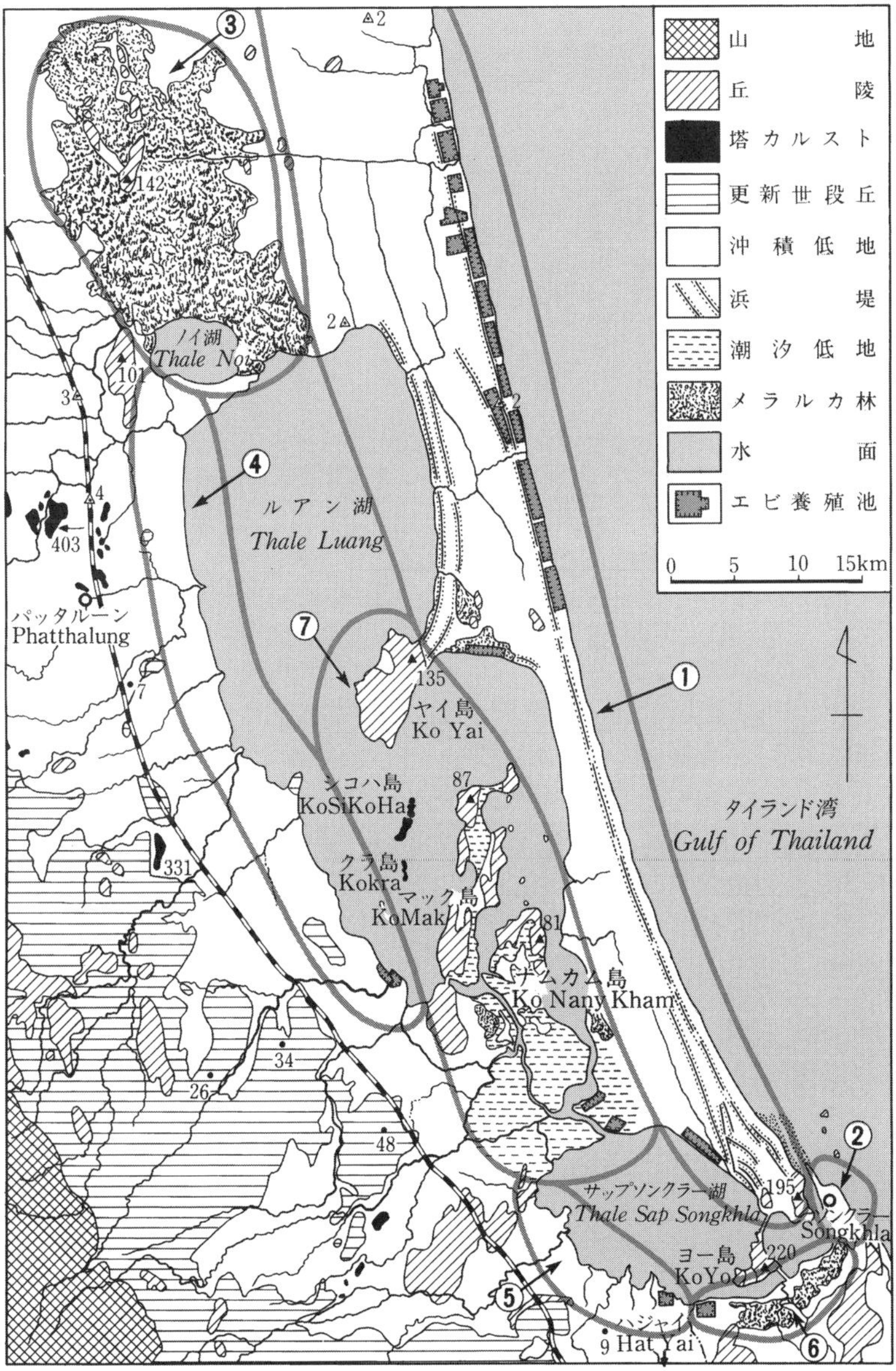

図2　ソンクラー湖周辺の地形分類図

①～⑦は、湖岸の自然および社会・経済システムの特徴から区分された各地区の番号、本文参照

街地が広がる砂嘴の部分、③ノイ湖とその周辺の湿地帯、④ルアン湖西側の湖岸低地、⑤サップソンクラー湖西岸のデルタ地帯、⑥サップソンクラー湖南岸の淡水湿地林、⑦ルアン湖南部の島々および潮汐低地の、7つの特色ある地区に区分された（図2）。以下、それぞれの地区の特徴を見てみよう[7・11・13]。

浜堤列平野（図2の①の地区）

ソンクラー湖とタイランド湾とを隔てる幅3～8㎞の浜堤列平野には、海岸線と並行するように何本もの浜堤列が発達している。それぞれの浜堤の頂部の高さは標高2～3ｍで、そこを走る道路に沿って集落が細長く連なり、ココヤシやサトウヤシ、マンゴー、マンゴスチン、ジャックフルーツ、チョンプーなどの果樹栽培が盛んである。

これに対し、浜堤間の低地の標高はおよそ1ｍ以下で、一般に水田として利用されている。とくに平野北部の内陸側では、ルアン湖の湖水を水源とした大規模な灌漑施設によって、稲の二期作が広く行われている。通常湖水の塩分濃度は1‰以下であるが、降水量が少なく乾季が長い年、また雨季の洪水が少ない年には塩分濃度が10‰を越えることもある[14]。そのため、取水地点の塩分濃度が1.5‰以上になると取水できず、例えば小雨だった1990年の収穫は雨季の1期分のみであった。そのようなことが、10年に1度ほどあるという。

海岸に沿っては、北部から南部にむかって近年急速にエビの養殖場が広がっている。それまで水田であった土地を約1ｍ掘込み、周囲を高さ約1ｍの盛り土で囲った深さ2ｍほど、一辺が70ｍ～90ｍの四角形の池が縦横それぞれ10列ほど並んだ大規模な養殖場が、つぎつぎに造成されている。現在の海岸線から約2.5㎞内陸側まで、そのような変化が見られる。また、海岸では砂浜の激しい浸食も問題となっている。例え

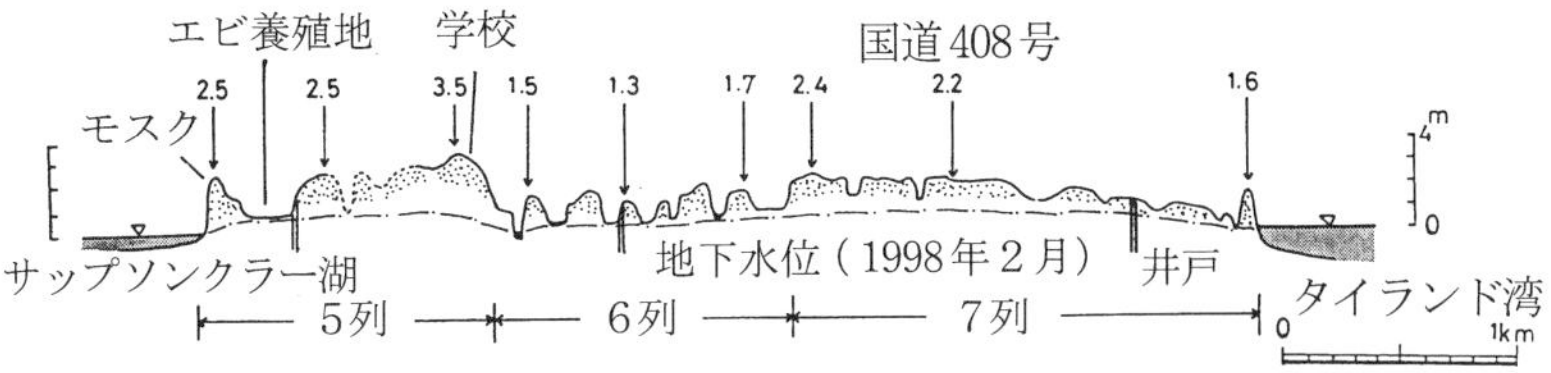

図３　浜堤列平野南部の地形断面図[15]
数値は各浜堤頂部の海面からの高さ（m）

ば北部のラノット地区では、この10年間に砂浜が幅35～40ｍも侵食され、そのため内陸側に２回も家屋を移転せざるを得なかったという。

一方県庁所在地であるソンクラー市に近い浜堤列平野南部では、明瞭な浜堤が18列も認められる（図３）。このうちタイランド湾側の７列の浜堤は、高さが海面より２ｍ前後と規模が大きく、海岸から国道までの約２㎞の部分では、近年急速に都市的な開発が進んでいる。サップソンクラー湖側の５列の浜堤も規模が大きく、集落はその上に限って分布する。しかし、堤間低地ではかつての水田がこの５～６年の間にエビの養殖池に転換され、それにともなって地下水が塩水化し、もとの水田の畦に植えられたパルミラヤシの一部が立ち枯れしている。中央の６列の浜堤は、高さが海面から１・５ｍ前後と低く、堤間低地も高さ０・５ｍ以下でその一部は湿地化している。この地域の地下水は、雨季には淡水であるが乾季には一部が塩水化する。そのため井戸水はもっぱら洗濯と灌漑用で、飲用には雨水を貯めて利用している。

ソンクラー市街地のある砂嘴（図２の②の地区）

ソンクラー市の市街地が広がる砂嘴は、全体として海面より２～３ｍ以上の高さがあり、海側も湖側も堤防または護岸によって守られている（図４）。この砂嘴上の最も高い標高３ｍの地点に、"City Pillar"（「街の中心」）と呼ばれるものがあり、ここより湖側が古い市街地である。この砂嘴では、地下水はいわゆる「淡水レンズ」として存在する。砂嘴中央の井戸では、地下水位は湖水面・海水面の変化に連動して乾季後半の５月頃から上昇し、本

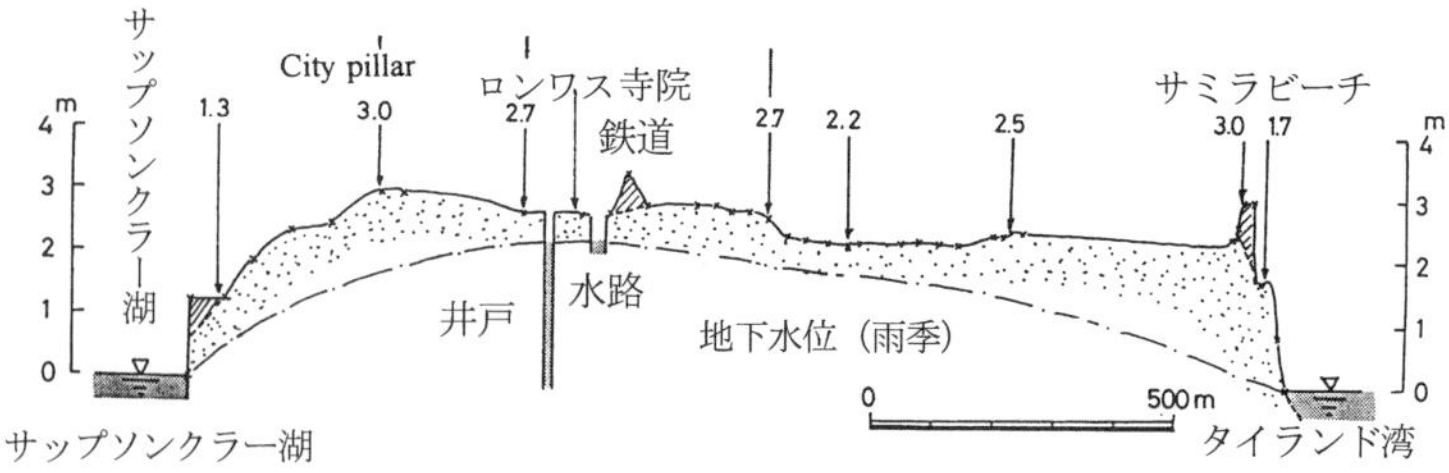

図4　ソンクラー市市街地のある砂嘴の地形断面図 (15)
数値は各地点の海面からの高さ。

写真1　タイランド湾沿岸における海岸侵食

格的な雨季となる10月から翌年1月まではほぼ地表面に達し、その後2月から水位が低下して4月の末にほぼ海水面と同じになる。

砂嘴の海側には、幅50～60ｍの砂浜（サミラビーチ）が延長約4.5kmにわたってつづいており、観光地になっている。しかしその南部のカオセン村の地先では、この20年ほどの間に砂浜の浸食が急速に進み、村落が内陸に移動せざるを得なかったという。また、砂州南東端の海岸にある国立沿岸養殖研究所(National Institute of Coastal Aquaculture)の敷地では、1998年1月に幅10～20ｍの砂浜がいっきに浸食された。そのため、護岸とフェンスが根こそぎ倒壊し、防風林のトキワギョリュウ(*Casualina equisecifolia*) の木々が立ち枯れてしまった（写真1）。

市街地の砂嘴の北側には、幅約500ｍ、延長約2km、海面からの高さが0.5～1ｍ以下の新しい砂嘴が延びている。その海側は砂浜と背後が湿地で、湖岸側は湖水面からの比高2.2ｍの堤防が築かれ、港湾および海軍関係の役所や公園となっている。しかし、公園の敷地は、湖水面からの高さが0.9ｍしかない。

ノイ湖およびその周辺（図2の③の地区）

ノイ湖そのものの水域面積は26㎢と小さいが、その周辺には面積126㎢におよぶ広大な湿地帯が広がっている。ここには水生植物が群生する狭義の湿地のほか、草原や泥炭湿地林・熱帯常緑林などもみられ、1975年に禁猟区に指定され、現在はラムサール条約の登録湿地ともなっている。ここは全体として、野鳥にとっての重要な生息地であるが、森林部分では木材や薪炭材として地域住民によって伐採が進んでいる。

ルアン湖西岸の湖岸低地（図2の④の地区）

ルアン湖西岸は、標高数m以下の海成／湖成の湖岸低地となっている。ソンクラー湖ではソンクラー市街地の一部を除いて湖岸堤防はなく、雨季には湖水位が1m〜最大2mほど上昇するため、湖岸沿いの低地は毎年浸水を繰り返している。

ルアン湖北部西岸での一般的な土地利用は水田であるが、そのほかココヤシやカシューナッツ、バナナ、パイナップル、ジャックフルーツなどの果樹栽培もおこなっている。さらに養豚や、湖岸の草地で乳牛の放牧などの複合経営が行われている。なかには水田耕作をやめ、敷地内の小規模な養魚池でナマズや淡水エビを育てて、マレーシアに輸出している農家も見られた。

ルアン湖西岸に流入しているクアンリー川の河口では、1992年に民間のランパンリゾートが開園し、キャンプ場や公園のほか川沿いに数軒のレストランも立ち並んでいる。しかし、雨季の最中である1997年12月に訪ねた時には、湖岸のキャンプ場はほとんど水没し、公園や道路、レストランも一部浸水という状況であった。洪水期には湖水面はさらに50〜60㎝上昇し、逆に乾季には1〜1.5m低下する。このよう

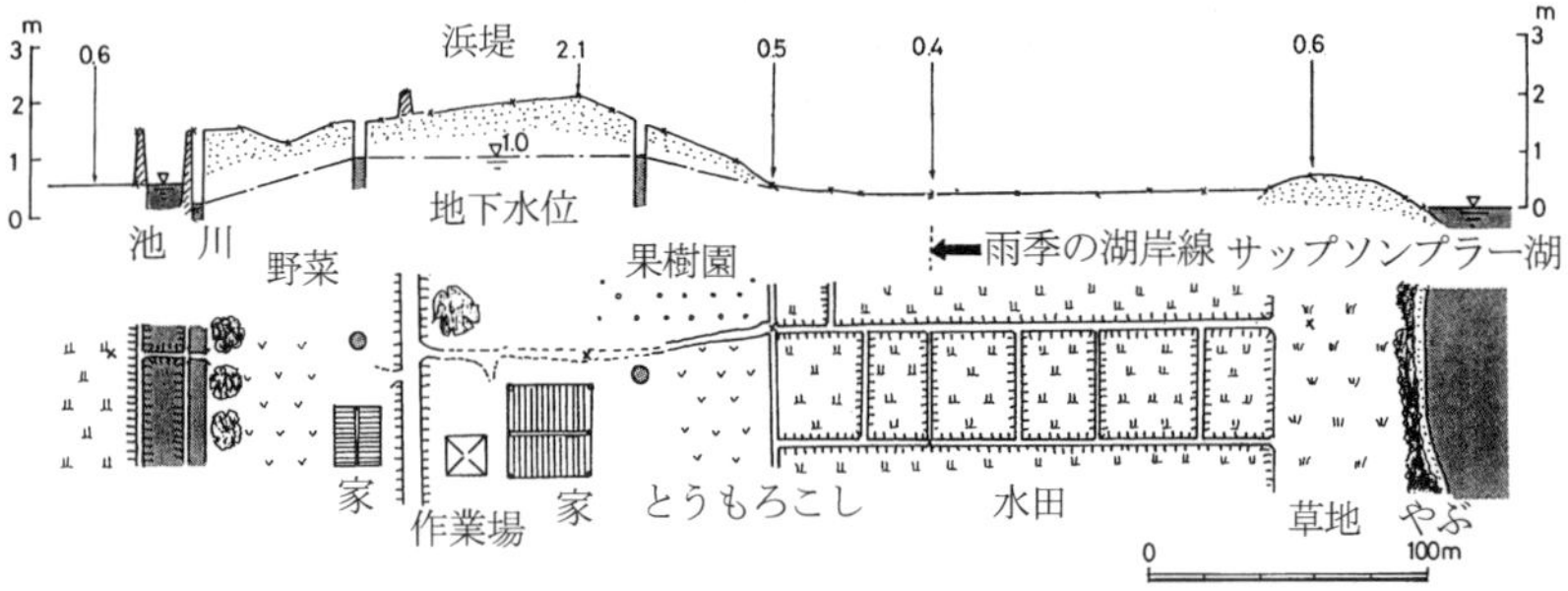

図5　サップソンクラー湖西岸のデルタ地帯における湖岸の地形断面図
数値は各地点の湖水面からの高さ。

な湖水位の変動が大きい湖では、水辺のリゾート開発もその地域の自然の特質を充分配慮する必要があろう。

一方、ルアン湖南部西岸では水田や果樹栽培にくわえ、あまり適地とは言えないのにゴムのプランテーションが丘陵・台地上から湖岸低地へ拡大している。

サップソンクラー湖西岸のデルタ地帯（図2の⑤の地区）

サップソンクラー湖の西岸には、背後の山地・丘陵地から流れ出るラン川、プミ川、バンクラム川、ウタパオ川がつくるデルタ地帯が広がっている。このうち西岸約10kmの湖岸には、湖岸線に並行して2列の浜堤が見られる。図5は、湖岸よりの浜堤付近の地形断面と土地利用を示したものである。集落は、湖水面からの比高約2mの浜堤上に立地し、そこでは自家用の野菜畑やバナナ、パパイアなどの果樹園、果樹液からサトウをつくるパルミラヤシなどが見られる。それぞれの農家には井戸があるが、地下水は2月〜9月の乾季には塩分が含まれ、またそれ以外の季節も水質が悪いために灌漑専用で、飲用水は浜堤列平野と同様に雨水を利用している。集落の湖岸側の低地は水田となっているが、湖水面からの比高が0.4〜0.6mしかなく、湖水位が上昇する雨季には水没し、湖岸線は浜堤の基部まで達する。

プミ川、バンクラム川、ウタパオ川沿いの湖岸低地には、幅100〜400mの自然堤防が良く発達している。自然堤防上は集落のほか、スイカ、ネギ、ミント、ヨウサイ、キンマなどの市場向け野菜や、ココナッツ、カシューナッツ、バナナ、チョンプー、スターフルーツ、マンゴーなどの果物の栽培が盛んである。しかし、これらの自然堤防の湖水面からの比高はわずか1.2〜1.5ｍほどしかないため、雨季には湖が増水してたびたび浸水する。例えば、バンクラム川下流の湖岸から約１㎞内陸の自然堤防上では、１９８８年11月の水害時に湛水深が１２０㎝、湛水期間が約２週間にもおよび、家屋も被害を受けた。

また、バンクラム川とウタパオ川の下流では、ハジャイ市から車で約20分と近く、土地が安くて涼しく空気が良いなどの理由から、かつて水田であったところに都市住民用の住宅がつくられている。また、ハジャイ市街地に近い両河川の河道沿いには、水産加工工場や缶詰工場が立地し、そこからの排水による河川や湖の水質汚染も心配されている。

サップソンクラー湖南岸の淡水湿地林（図２の⑥の地区）

サップソンクラー湖南岸には、大規模なエビの養殖池が並んでいる。この地区は、かつてマングローブ林およびその背後の淡水湿地林（主としてメラルカ林：*Melaleuca leucadendra*）が広がる湖岸湿地であったが、１９８０年代後半から大規模なエビの養殖池が造られ始め、90年代に入って急速に拡大してきた。また、20年ほど前に、ヨー島を経由して北東岸の浜堤列平野にぬける新しい橋が架かってからは、湖岸湿地の開発が急速に進み、現在ではソンクラー市民病院や水産大学などの公共施設のほか、大規模な工場の建設など急速に都市的な土地利用が広がっている。

ルアン湖南部の島々および潮汐低地（図２の⑦の地区）

ルアン湖南部には基盤岩からなる大小の島々がある。それらの島のうち、西側の小さなシコハ島は最高点標高が１６３ｍの石灰岩からなる切り立った島である。中央の大きなマック島とナンカム島は、おもに砂岩からなる標高60—80ｍのなだらかな残丘状の基盤の高まりが点在し、その間を埋めるように低平な潮汐低地が広がっている。低地には、水田のほかメラルカ林を主とした淡水湿地林が広がっている。

この地域の人びとは、丘陵の山麓に集落を営み、その斜面でゴムのプランテーションを、低地の一部でおもに水田耕作をおこなっている。しかし、これらの島に１９９０年代後半に自動車が通れる新しい橋が架けられると、水路に面した水田が次々とエビの養殖池に転換された。１９９９年3月に訪れた時は、すでにマック島の北端近くの村でも、その前年の9月からエビの養殖が始められたところであった。こうした水田のエビ養殖池への転換は、隣接する水田の地下水を塩水化し、そのため収穫が悪化した水田が玉突き的にエビ池に転換されるという事態が進行している。そのような所では、かつての水田の畦に植えられていたヤシの木が、地下水の塩水化によって立ち枯れている異様な風景が見られる（写真2）。

写真２　エビ養殖池とヤシの立ち枯れ

三　海面上昇の影響予測とその評価

前節ではソンクラー湖全体の湖岸について、自然および社会・経済システムの特徴から7つの地区に区分し、その概要を紹介した。以下では、今後１００年間に海水面・湖水面が50cm～１ｍ上昇した場合、それぞれの湖岸で具体的にどのような影響が現れるのかを予測し評価する。ただしここでは紙面の都合により、現在の市街地および都市化進行地域を含み、もっとも海面上昇の影響が大きいと思われるサップソンクラー湖の湖岸を対象として評価した[15]。

サップソンクラー湖の湖岸地帯は、前節で区分した7つの地区のうち、①浜堤列平野の南部、②ソンクラー市街地のある砂嘴部分、③西岸のデルタ地帯、④南岸の淡水湿地林帯、そして⑤北岸の潮汐低地の5つの地区に分けられる（図6、口絵参照）。以下、それぞれの地区ごとに、まずその地区の「発達要因」を挙げた上で、海面上昇の影響を予測評価する。

海岸侵食と湖岸の浸水が広がる浜堤列平野

浜堤列平野では、タイランド湾側で「都市化」と「海岸侵食」、サップソンクラー湖側で「エビ養殖」と「浸水」が発達要因として指摘できる。

海側と湖側いずれも、海面からの高さ1.5～2.5ｍの浜堤が発達しており、直接浸水する低地の面積はそれほど広くはない。しかし、海面上昇によって、浜堤基部の砂浜の浸食が激しくなることが予測され[4]、海側の低い浜堤上の公園やキャンプ場、近年整備された港湾施設を含む地域での一部浸水被害が予想される。

一方湖側の低地に造られたエビ養殖池では、湖水面の上昇によって堤体の崩壊や排水不良など、営農上困難な状況が予想される。とくに湖水位が上昇する雨季の洪水時には、現在でも低地の高さとほぼ等しい標高60㎝まで、1988年の洪水時には最高1.8ｍまで浸水した事実を踏まえると、今後湖岸低地や中央の堤間低地では浸水や湛水の被害がさらに大きくなると予測される。

砂浜が消失し淡水レンズが縮小する砂嘴

ソンクラー市の市街地がある砂嘴では、海岸の砂浜における「海岸侵食」と、地下水の「淡水レンズ」が発達要因として挙げられよう。

ソンクラー市街地そのものは、土地の標高が2～3ｍでしかも標高1.5～3ｍの護岸や堤防で守られているので、たとえ海水面が1ｍ近く上昇しても、浸水などの直接的な影響は少ない。しかし、最近20年間に激しくなってきたタイランド湾側の砂浜の侵食はより深刻となろう。タイランド湾に面した砂浜の激しい海岸侵食の原因として、直接的には海岸の港や河口付近に設けられた突堤や導流堤によって沿岸漂砂の移動が阻止されたことのほか、間接的には流出河川の中・上流のダム建設による供給土砂量の減少や、海岸での砂の大量採取、また沿岸での石油や天然ガスの掘削による海岸地域の地盤沈下などが指摘されている[16]。今後はこれらの要因に加え、海面上昇による汀線の後退や異常波浪の増大によって、海岸の侵食がますます激化すると考えられている[4]。そのため現在観光リゾート地となっているサミラビーチでは、幅50～60ｍの砂浜全体が消失する可能性がある。また市街地北部の公園になっている新しい砂嘴は、現在南東方向からの砂の供給と、湖口右岸に築かれた長さ約1㎞のパイプラインによって沿岸漂砂が止められて砂浜は安定している。しかし、将来サミラビーチやその南東側の砂浜が消失しそこからの砂の供給がなくなれば、この新しい砂嘴はいずれ水没し、最終的には湖に流入する潮流と雨季に大量に流出する洪水によって浸食されると予測される。

湖側では、現在低い護岸しかない湖岸の一部や、砂嘴南部の湖岸を埋め立てて造成された魚市場や港湾施設などで、浸水や土地の侵食、または諸施設の機能の低下・使用不能になる可能性がある。

また「淡水レンズ」としてこの砂嘴中に存在している地下水は、海水面や湖水面の上昇によって、その容量が大きく減少する。それにともなって、砂嘴上に掘られた井戸では、汲み上げる地下水の深度によっては塩水が混入する恐れがある。

広範囲の浸水と洪水激化の西岸デルタ地帯

サップソンクラー湖西岸のデルタ地帯は土地の高さがとくに低く、現在でも雨季の洪水時には広い範囲が浸水し、湖岸での洪水位は通常1〜1.5ｍ、1988年の洪水時には最高2.2ｍに達した。したがってここでは、今後とも「洪水」・「浸水」が地域の発達要因と言える。

地球温暖化によって今後100年間に海水面が50㎝から1ｍ上昇するという仮定に従うと、その上昇速度は5〜10㎜／年となり、かつての日本での縄文海進時の海面上昇速度に匹敵する。そうすると、日本の平野での地形発達の研究事例を参考にし、西岸の浜堤付近の地形断面図で考えると、この地区での湖岸線は少なくとも現在の湖岸線から250ｍ内陸にある、標高2.1ｍの浜堤の基部まで後退すると予測される。その場合、浜堤背後の後背湿地は、土地の高さが0.6ｍで新たな堆積物も供給されないので、拡大した湖水面下に水没する可能性が高い。

一方、デルタ地帯に発達する自然堤防とその上に位置する集落は、湖水面からの高さがおよそ1〜1.5ｍなので完全に水没はしないが、その周りの後背湿地は広い範囲が水没する。しかし自然堤防上でも、雨季の洪水時には現在以上の頻度で浸水被害が多発し、湛水深の増大や湛水期間の長期化が懸念され、現在盛んに行われている近郊野菜生産や果樹栽培には大きな被害が予想される。

拡大したサップソンクラー湖の湖岸には、河川が上流から土砂を運搬・堆積して、それぞれの河道を中心に湖に張り出すような新たなデルタがつくられる。しかし、どのような湖岸線になるかは、上流域における土砂の生産・供給量と、海面上昇の速度、湖岸の侵食の程度によって異なると予想され、今はそれを具体的に示すことはできない。現在、地元のプリンスオブソンクラー大学で、各河川の流出土砂量の観測が始まったので、今後より詳しく予測できるようになると期待される。

都市化地域への影響が危惧される南岸

サップソンクラー湖南岸の淡水湿地林帯では、この20年ほどの間に急速に大規模なエビ養殖池の造成、および住宅・工場、公共施設などの都市的な施設が広がっている。したがって、ここでは「都市化」と「エビ養殖」を発達要因として挙げる。

この地区は、もともとメラルカを主とした淡水湿地林が広がっていたところで、土地の高さが低いため、盛り土されていないところでは広い範囲が水没し、雨季の洪水時の被害が大きいと予測される。とくに、都市的な土地利用や施設（病院など）は、いったん浸水被害を受けるとその影響は各方面にまで及び大きい。またエビの養殖池では、単に土を盛り上げただけの堤防の崩壊や、排水不良などの問題も顕在化する。また、この低地全体で湖岸の地下水位が上昇し、既存の水田での排水不良や、また地下水への塩分の混入によって、現在灌漑用水として利用されている浅層の地下水が利用不能になる可能性がある。

メラルカ林・養殖池が水没する潮汐低地

サップソンクラー湖北岸とルアン湖との間には、先に述べたように低平な潮汐低地が広がっており、１９９０年代後半以降急速に水田がエビの養殖池に転換されている。したがってここでは「メラルカ林」と「エビ養殖」が発達要因として指摘できる。

太平洋島嶼域のマングローブ林の生態学的研究[17]によると、潮汐差が１ｍ以上の海岸では、海面上昇速度が５㎜／年程度までならマングローブ林は維持されるが、潮汐差が50㎝以下、または海面上昇速度が５㎜／年以上なら、マングローブ林は上昇する海面に追いつけず溺れて、ついには枯死すると予測されている。したがって、潮汐差が20～80㎝以下の本地域に広がるメラルカ林は、湖水の塩分濃度の上昇に対応してマングローブを主とする森に変化するとしても、いずれは水没し枯死する可能性が高い。

またエビの養殖池も、現在でも池の堤の一部が侵食されて崩れているように、ただ土を盛っただけの簡易な土手で囲まれているため、海面上昇に対して非常に脆弱である。しかもその背後には養殖池を継続できるような適当な土地がないため、現在のような養殖業の維持は困難になると予測される。

四　今何をなすべきか

前節では、５つに区分されたサップソンクラー湖の湖岸について、海面上昇の具体的な影響予測評価を行った。以下では、それにもとづいてサップソンクラー湖全体でどのような対応が必要なのか、現在でもすでに問題になっている洪水被害と海岸侵食に対する緊急のハードな対策と、長期的な土地利用のあり方を視野に入れたソフトな対応の２点について述べ、本章のまとめとしたい。

洪水被害の軽減、海岸侵食の防止

予測される海面上昇による海岸線／湖岸線の後退は、浜堤列平野や砂嘴部分では、数十ｍ～数百ｍ程度なのに対し、サップソンクラー湖西岸のデルタ地帯や南岸の淡水湿地林帯では、１㎞～３㎞以上と広大な範囲が水没する。とくにデルタ地帯では、雨季には湖水面の上昇と山地・丘陵地からの河川水の流入によって、現状よりさらに激しい洪水が予想される。一方ウタパオ川やバンクラム川の下流、およびヨー島への橋近くの湖岸低地では、ハジャイ市やソンクラー市の都市域の拡大、都市化の進展にともなって、都市的な施設の建設が今後ますます進むと予想される。これらの都市的な土地利用や施設への洪水・浸水被害については、将来深刻な問題となる可能性があるため、その被害軽減のため、例えば排水不良地区をつくらないような計画的な盛り土や、輪中堤のように部分的に重要な施設を守る堤防など、ハードな対応策が急がれよう。

一方、浜堤列平野や砂嘴の海岸では、海面上昇によって砂浜の侵食がいっそう激しくなると予測される。現在、堤防や護岸で守られているソンクラー市街地でも、海岸侵食がより激しくなれば堤防の嵩揚げなども必要になろう。また、新しい港湾施設などが整備されている浜堤列平野南端の海岸でも、海面上昇による水没と砂浜の侵食から都市的な施設を守るために、堤防や護岸などの人工構造物を構築・強化する必要があろう。

総合的な沿岸域管理計画とハザードマップ

サップソンクラー湖の南岸では、メラルカ林を切り開いて１９８０年代の後半とくに１９９０年代以降、大規模なエビの養殖池が造成された。そして１９９０年代の後半からは、サップソンクラー湖とルアン湖の間に広がる潮汐低地の水路沿いでも、水田がつぎつぎにエビの養殖池へと転換されている。これらのエビの養殖池は、養殖開始から5年ほどで生産性が落ちるために、10年もすれば放棄されるところも出てくる。さらに、養殖池に隣接する水田では、池から漏れてくる塩分が混じった地下水の影響で稲の生育が阻害され、耕作放棄あるいはエビ池への転換が進行する。このような状況のもと、養殖エビをめぐる現在のような経済的状況が変化しない限り、エビの養殖は、汽水が得られるサップソンクラー湖の湖岸地域の湖岸線から約２㎞の範囲まで連続的に広がっていく可能性がある。そのようなエビの養殖池は、そのほとんどが泥を積んだだけの簡単なものであるために、将来の海面上昇による池の堤防の崩壊や池からの排水不良の問題など、エビ養殖をめぐる問題は深刻である。

また、ソンクラー市街地北側の新しい砂嘴部分は、いずれは水没し侵食されると予測される。もしそうなると、ソンクラー湖の湖口の幅は、現在の約５００ｍからその２～３倍になり、湖内と外洋水との水の交換、流入・流出の割合が高まり、湖内の塩分濃度の上昇や湖岸の地下水へ塩分の混入が増大するなどの影響が、ソンクラー湖の全湖岸地帯に及ぶ。

このような、地域の農業や漁業・養殖業、さらには生態系にまでに大きな影響が及ぶような環境変化が予測されるため、局所的なハードな対策だけでなく、この地域が持続的に発展していけるような長期的な土地利用・水域利用の計画が重要である。すなわち、持続的な地域の発展のために、社会・経済的な誘導や規制、または地域住民への環境変化とくに洪水などの災害危険度の増大などに関する情報の提供など、総合的な沿岸域・海岸／湖岸域の管理計画がどうしても必要である。

その際、本章でもその一部を示したが（図６、口絵参照）、ソンクラー湖全域において予測される海面上昇のさまざまな影響を、具体的に地図の上に示した「海面上昇ハザードマップ」を作成し活用することが有効であろう。そして、地域における環境変動を科学的にモニタリングしながらハザードマップの精度をあげ、上記のような広域かつ長期的な問題に対応することが急がれる。

文献

（1） 平井幸弘・グエン＝ヴァン＝ラップ・ター＝チ＝キム＝オーン（２００１）１９９９年中部ベトナム洪水災害 地理 46巻 2号 94—１０２頁

（2） 米倉信之（２００１）海と陸の間で⑨海岸沿岸域環境変動国際ワークショップ 地理 46巻 1号 １２８—１２９頁

（3） Mimura, N. and P. D. Nunn (1998) Trends of beach erosion and shoreline protection in Rural Fiji. *Journal of Coastal Research*, **14**, 1 37-46.

（4） Center for Global Environmental Research (2000) *Data Book of Sea-Level Rise 2000*. National Institute for Environmental Studies, Environment Agency of Japan, 128p.

（5） Van Lap Nguyen, Thi Kim Oanh Ta and Tateishi, M (2000) Coastal variation and saltwater intrusion on the coastal lowlands of the Mekong River delta, Southern Vietnam. *Proceedings of The Comprehensive Assessment on Impacts of Sea-Level Rise*. Geological Survey Division, Department of Mineral Resources, Thailand, 184-190.

（6） 平井幸弘（１９９５）『湖の環境学』古今書院 １８６頁

（7） 平井幸弘（１９９５）タイ国南部ソンクラー湖周辺の地形と環境問題 愛媛大学教育学部紀要Ⅲ 15⑵号 1—16頁

（8） 平井幸弘（１９９８）湖沼の開発利用と環境保全 日本地形学連合編『地形工学セミナー２・水辺環境の保全と地形学』古今書院 86—１１１頁

（9） IPCC CZMS(1992) *Global Climate Change and the Rising Challenge of the Sea*. 35p.（文献（10）による）

（10） Center for Global Environmental Research (1996) *Data Book of Sea-Level Rise*. National Institute for Environmental Studies, Environment Agency of Japan, 88p.

（11） 平井幸弘（１９９９）タイ国南部ソンクラー湖湖岸における自然および社会・経済システム 愛媛大学教育学部紀要 Ⅲ 19⑵ 1—15頁

（12） Kuwabara, R. ed. (1995) *The coastal environment and ecosystem in Southeast Asia: Studies on the Lake Songkhla lagoon system, Thailand*. Faculty of Bio-industry, Tokyo University of Agriculture, 109p.

（13） Hirai, Y., Satoh, T. and Tanavud, C. (1999) Assessment of Impacts of sea level rise on coastal lagoons-Case studies in Japan and Thailand-. *Regional Views*, **12**, 33-45.

（14） National Economic and Social Development Board, and National Environment Board (1985) *Songkhla Lake basin planning study, Final Report,vol.2, Annex A, Physical Natural and Human Resources of the Basin*.

（15） 平井幸弘（２０００）タイ国南部ソンクラー湖における海面上昇の影響予測評価　LAGUNA（汽水域研究）7号　1－14頁

（16） Prinya Nutalaya (1993) Coastal erosion in the Gulf of Thailand. *International Congress on Geomorphological Hazards in Asian-Pacific Region, Sep. 1993. Waseda Univ., Tokyo*, 40-41.

（17） 藤本潔（２００１）アジア・太平洋地域におけるマングローブ生態系への海面上昇の影響　海津・平井編『海面上昇とアジアの海岸』（本書）古今書院　35-50頁

12

沿岸環境問題におけるＩＧＢＰ‐ＬＯＩＣＺの活動

斎藤文紀

海岸沿岸域は、地球表面では陸と海洋との境界域であり、陸域と海域の両方の影響を受けつつ常に変動している。地球上で最も変動の大きな地形変化を示す地域の一つである。この境界域へは、陸域からは、気候変動にともなう降水量や蒸発量の変化による流入河川の流量の変化、灌漑や工場、家庭の水利用にともなう流量の変化、これら流量の変化にともなう河川からの土砂運搬量の変化、ダム湖などの貯留池への堆積や河道内の土砂採取にともなう土砂運搬量の変化、流域における森林伐採などの土地利用変化にともなう土砂生産量の変化とそれによる土砂運搬量の変化など、多くの要因が影響を与えている。一方、海域からは、温暖化などによる海面の上昇による影響、温暖化による海洋物理環境の変動にともなう海流などの変化の影響、海洋気象の変動にともなう波浪などの沿岸流系の変化、これらの変化が海側から海岸域に影響を与えている。また流域における人間活動による汚染汚濁物質の負荷が河川を経由して沿岸海域に供給され、赤潮や富栄養化、海洋汚染として顕在化することも多い。沿岸海域は陸域の人間活動とも密接に連結して変動している。このように海岸沿岸域は、地球規模の気候変動や流域の人間活動によって大きな影響を受けつつ、ダイナミックに変動している。地域的な現象であれ、それが世界の沿岸域で顕在化し、問題となっているのであれば、これも地球規模に広がった問題といえよう。ここでは、これら海岸沿岸域におけるさまざまな問題に取り組んでいるＩＧＢＰ—ＬＯＩＣＺとアジアにおける問題について述べる。

一　ＩＧＢＰとＬＯＩＣＺ

国際科学会議（ＩＣＳＵ）は、１９８６年に開催された第21回総会で地球変化の研究をおこなうＩＧＢＰ（地球圏生物圏国際協同研究）の実施を決定し、これを受けていくつかのコアプロジェクトを実施している。海岸沿岸域における研究では、東京大学海洋研究所の故根本敬久教授が１９８９年に東京でワークショップを開催し、研究計画がＩＧＢＰの一環として討議、立案された[1]。１９９１年に計画立案委員会が設立され、フランスのツールーズでワークショップが開催され、１９９２年に研究計画としてまとめられた[2]。その後ＬＯＩＣＺは１９９３年1月に正式にＩＧＢＰのコアプロジェクトとして承認され、発足した。ＬＯＩＣＺは、海岸沿岸域における陸域と海域の相互作用に関する研究（Land-Ocean Interactions in the Coastal Zone）の略称で、おもに標高２００ｍから水深２００ｍまでの海岸沿岸域における総合的な研究計画である。研究計画が策定されて以降、１９９４年に実行計画策定のためのワークショップが札幌などで開催され、１９９５年にＬＯＩＣＺ実行計画としてＩＧＢＰから出版されている[3]。

ＬＯＩＣＺでは、４つの研究領域を定めている[4・5]（図１）。

(1)海岸沿岸域でのフラックスに対する外的条件または境界条件の変化の影響
(2)海岸沿岸域における生物地形学と地球環境変動
(3)炭素フラックスと微量気体の放出
(4)海岸沿岸システムにおける地球環境変動の経済的また社会的な影響

に関する研究の４つで、これらの遂行のために６つのコア研究プロジェクトを実行している。なかでも世

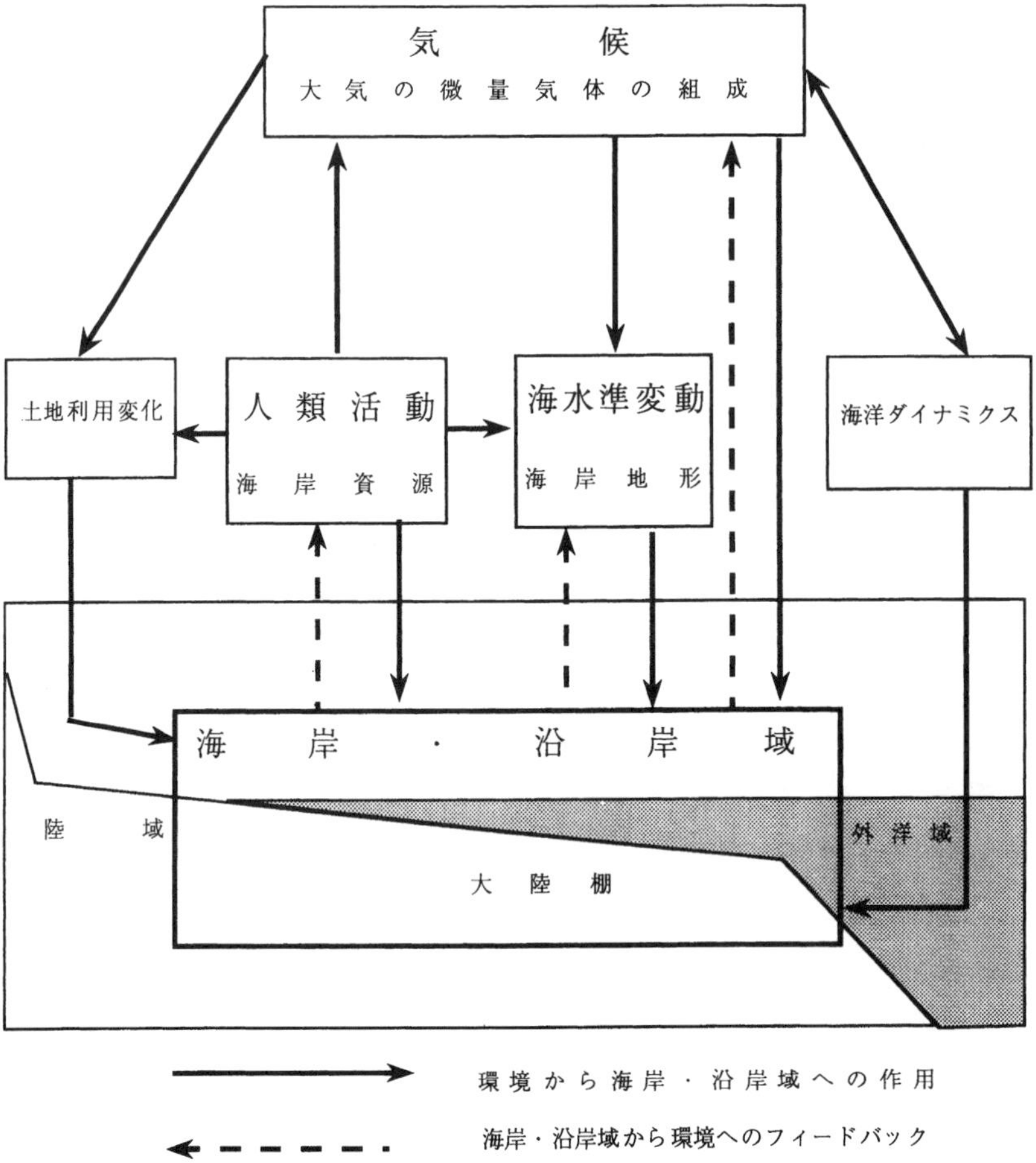

図1　海岸・沿岸域に対する地球環境変動の主要な影響とそれへの応答の概念図（米倉 1996，2001）

界の沿岸域のタイポロジー（類型）と炭素収支は最も活発なプロジェクトで、成果は逐次ホームページで公開されている（http://www.nioz.nl/loicz/）。東アジアでは、１９９９年以降ＥＡＬＯＩＣＺと称するプロジェクトが企画されており、今までに2回の会合が行われ、東アジアの海岸沿岸域における課題が抽出されている。これらの成果は、近々 LOICZ Reports & Studies のシリーズから出版される予定である。

　海岸沿岸は地球表面の18％しか占めていないが、そこでは地球表層の約25％の生物生産が行われており、約60％の人が住んでいる。１６０万人以上の都市の３分の2が分布し、漁獲生産の約９割を占める。海洋部分だけに限れば、世界の海洋の８％の表面積と0.5％以下の体積しかならないが、海洋生産の約14％、海洋における約50％弱の脱窒、海洋における有機物の堆積の約80％、河川から供給された堆積物の75－90％の堆積（貯留）、海洋における炭酸塩の堆積の50％以上が沿岸海域で起こっている。海岸沿岸域は、地球表層における専有面積は小さいが、自然のシステムで、また人間を含めたシステムでも、地球システムの中で重要な役割を果たしているといえる。

　ＩＧＢＰでは、２００１年7月にアムステルダムで公開科学会合が行われた。ここでは現在進行中のＩＧＢＰの取りまとめが行われ、現行のＩＧＢＰは第1期を終える。２００１年から２００２年が移行期となり、再構成された第2期（IGBP Phase II）が２００３年1月から始まる。第2期では、地球システムを、大気、海洋、陸域の３つのドメインから捉え、これらの３つのドメインのプロジェクトとそれらの境界領域としてのプロジェクト（大気・海洋、大気・陸域、陸域・海洋）が企画されている。現行の多くのプロジェクトはこれらのプロジェクトに収束・再構成される予定である。このなかで、ＬＯＩＣＺは、海洋と陸域の境界部のプロジェクトであることから、第２期も継続しておこなわれる。

　日本ではＬＯＩＣＺに関係して、１９８９年に東京で行われた国際ワークショップ、科学計画から実行計画策定のための国際ワークショップ（札幌、１９９４年）、１９９５年の国内ワークショップ、２０００年11月に神戸で開催されたAPN/SURVAS/LOICZジョイント国際会議「地球環境変動のアジア・太平洋沿岸域への影響と適応策」など、日本学術会議の地球環境研究連絡委員会／ＩＧＢＰ専門委員会／ＬＯＩＣＺ小委員会を中心に対応してきた。これらの活動は現在も継続しておこなわれている。

二　アジアの沿岸域

地球規模でみた場合に、アジアの海岸沿岸域の特徴は何だろうか。まず地形的な特徴として、アジアには大河川とそれらによる大規模なデルタが多く分布していることがあげられる[6]（図２）。とくにヒマラヤ・チベット高原から流下する大河川の河口部には世界を代表するデルタが形成されている。地形が急峻であり、降水量の多いモンスーン地帯を流下するため、これらの河川は土砂運搬量が大きく、大規模なデルタを海岸・沿岸域に形成している。また過去６千年間の安定した海水準も大きくデルタ形成に寄与している。代表的な河川としては、インダス河、ガンジス・ブラマプトラ河、イラワジ河、メコン河、紅河、長江、黄河などがあり、これらほとんどが十指に入る世界の大河川であり、ヒマラヤ・チベット高原に発している。これらのアジアの河川が海洋へ運搬する土砂供給量は世界の全陸地から海域に運搬される総量の４―５割に達すると推定されている。また土砂運搬量でいえば、オセアニアの島嶼からの供給量もこれら大河川に匹敵するほど多いことが最近報告されている。オセアニアの島嶼は急峻な地形であり、熱帯雨林地帯の多雨地帯であることから、土砂の生産量が非常に大きい。ニューギニア島からの土砂運搬量の総量は、長江と黄河を加えた総量に相当すると推定されており、オセアニアだけで世界の３割とも推量されている。

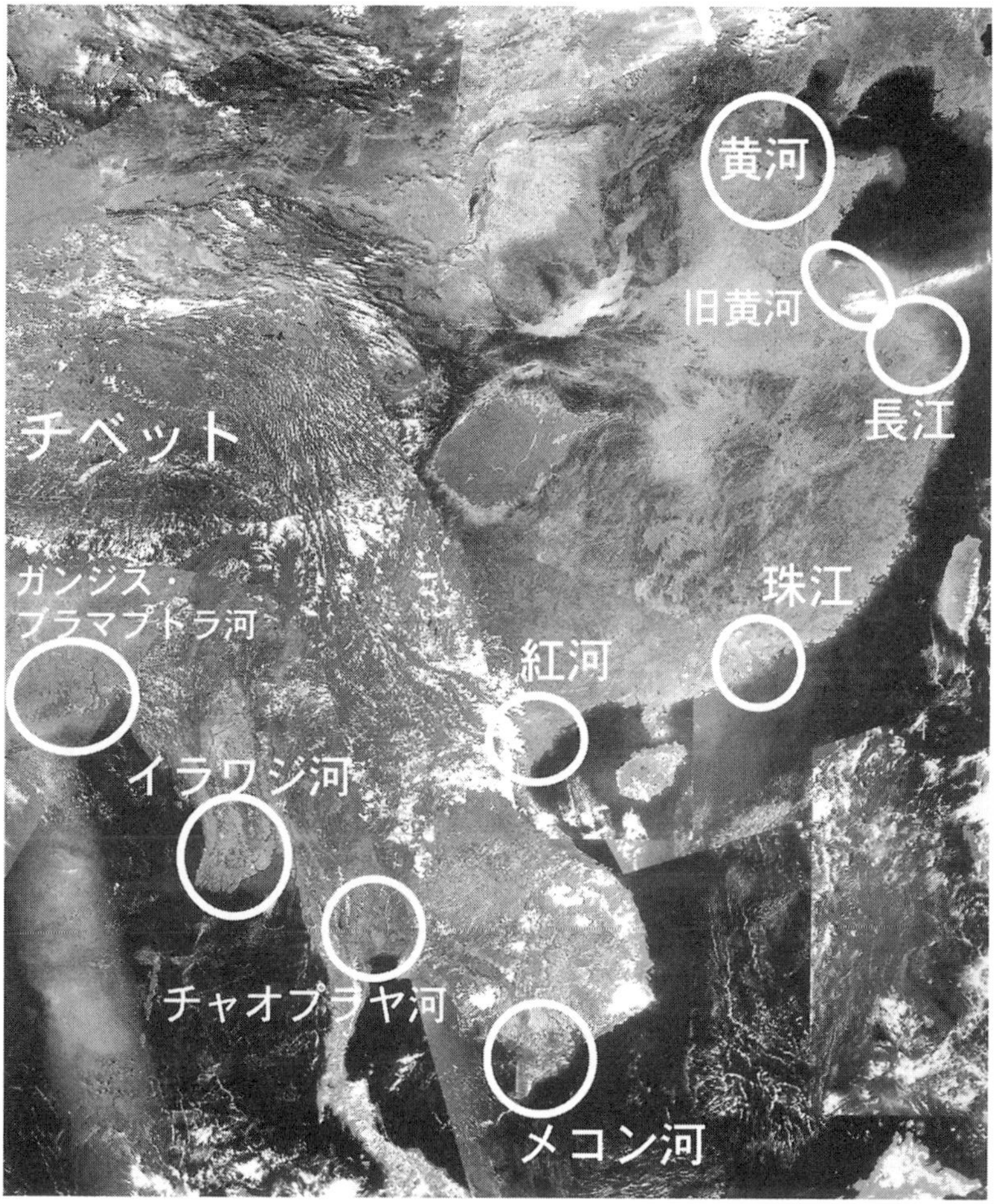

図2　アジアの主要なデルタ
National Geographic Atlas of the World に加筆。斎藤（2000）

これら島嶼とアジアの陸域から海洋に供給される土砂総量を合わせると、世界の7—8割を占める。地球規模での陸起源物質循環においては、アジアとオセアニアは最も重要な役割を果たしている地域といえる。[7]

一方、アジアのデルタ地域は、米作などの農業生産、エビなどの養殖による水産業など、広いデルタ平野は、重要な生産拠点でもある。アジア地域は現在世界の人口の53％を占め、２０２５年には50億に達すると予想されているが、これらデルタ地域は、居住・生産の上で、重要な地域となっている。[8] 高い人口密度と急速な経済成長、デルタ地域におけるこれらの活動もアジアの沿岸域を特徴づける。

アジアのデルタ（河川）流域には、多くの人々が生活している。黄河流域には1億、長江流域には4億の人々が居住し、とくに東アジアの大河川流域は中国文明に代表されるように数千年の歴史を有している。河川への人間活動の影響も千年から2千年に及び、河川の海域への土砂運搬量も、この間に黄河では約10倍、長江では約2倍に増加している。[9] 一方、近年問題となっている流域における問題は、森林伐採などの土地利用変化にともなう土砂生産量の変化や、ダム建設によるダム湖への堆砂と流域の水利用にともなう流量の減少である。

とくに黄河では、１９７０年前後のダム建設による土砂運搬量の減少が問題となり、１９９０年代以降では流域における水利用の増加にともなう渇水が問題となっている。近年では年間２５０日以上、河口から６００kmにも及ぶ範囲が干上がっており、流量の減少は下流域において大きな問題となっている。黄河ではとくに中流域と下流域における１９８０年以降から現在まで水利用の伸びが大きく、現在では全水資源量の約6割が取水されている。下流域と中流域を境する地域には新たな小浪底（Xiaolangdi）ダムができ、渇水や土砂運搬量の減少は今後もさらに深刻化しそうである。このような土砂供給量の減少は、河口沿岸域において沿岸侵食を引き起こしており、流域と沿岸域の総合的な対策が必要となってきている。鳥趾状の三角州を形成していた黄河デルタも、近年の土砂供給の減少によって侵食のほうが卓越するようになってきている。

一方、長江では、流域の土地利用の変化や２００８年に完成する三峡ダムの影響が懸念され、ベトナム北部の紅河ではすでにホアビン（Hoa Binh）ダム建設によって、土砂供給量は約6－7割に減少している。また流域における水利用などによる流量の減少は、デルタ域では海水との均衡が変化することから地下水の塩水化などに影響を及ぼす。ベトナム南部のメコンデルタでは地下水の塩水化が過去20年間に進行しており、米作への影響や、マングローブ植生への変化が懸念されている。[10]

このような流域における人間活動は、地球規模の変動である地球温暖化による影響以上に、急速かつ深刻に海岸沿岸域に影響を与えている。地下水のくみ上げに起因する地盤沈下による相対的な海水面の上昇も同様である。これらの変動は、流域または地域ごとと地球規模の変動と比べると局所的だが、地球温暖化による変動と比べて、変動速度は1桁から2桁大きく、変動量も同程度に大きい。また流域に起因する事柄が、結果として海岸・沿岸域で問題となるなど、流域全体と沿岸域を含めた総合的な対策が必要となってきている。アジアの大河川は国際河川である場合も多く、多国間の連携した対策も必要である。

ＩＧＢＰ－ＬＯＩＣＺでも東南アジアを対象に社会・経済的な影響のプロジェクトを進行させている。また堆積物関係では、ＩＧＢＰの他のコアプロジェクトのＰＡＧＥＳ（地球古環境の研究）、ＬＵＣＣ（土地利用・被覆変化研究）、ＢＡＨＣ（水循環の生物的側面の研究）などと共同で、水／堆積物変動研究のワークショップを開催し、陸域と海洋を結ぶ有機的な研究を推進しようとしている。なかでもアジア地域は、最も重要な地域として注目されている。ＩＧＢＰで取り組もうとしている陸域と海洋を結ぶ境界域の研究は、急速に変貌するアジアにおいて特に総合的に取り組まれることが望ましく、将来の地球温暖化による地球規模の影響の顕在化する前に、まず人間活動に起因する急速な変動を解決しておくことが、将来の影響を軽減するため、そして適応策を検討するためにも重要である。

文献

IGBP‐LOICZ関係

（1） Holligan, P. ed. (1990) Coastal Ocean Fluxes and Resources. *IGBP Report*, no. 14, 53p.

（2） Holligan, p.M. and de Boois, H., eds. (1993) Land-Ocean Interactions in the Coastal Zone (LOICZ) Science Plan. *IGBP Report*, no. 25, 50p.

（3） Pernetta, J.C. and Milliman, J.D., eds. (1995) Land-Ocean Interactions in the Coastal Zone, Implementation Plan. *IGBP Report*, no. 33, 215p.

（4） 米倉伸之（1996）今後の海岸環境研究の課題―IGBP‐LOICZに関連して　小池一之・太田陽子編『変化する日本の海岸』古今書院　172―185頁

（5） 米倉伸之（2001）『海と陸の間で』　古今書院　211頁

アジアのデルタ関係

（6） 斎藤文紀（2000）地球規模の環境問題とアジアのデルタ　地質ニュース　551号　57―60頁.

（7） Saito, Y. (2001) Deltas in Southeast and East Asia: Their evolution and current problems. In Mimura, N. and Yokoki, H., eds., *Global Change and Asia Pacific Coast*. Proceedings of APN / SURVAS / LOICZ Joint Conference on Coastal Impacts of Climate Change and Adaptation in the Asia-Pacific Region, APN, Kobe, Japan, 185-191.

（8） Galloway, J.N. and Melillo, J.M., eds. (1998) *Asian Change in the Context of Global Climate Change*. Cambridge University Press, IGBP Publication Series 3, Cambridge, 363p.

（9） Saito, Y., Yang, Z., Hori, K. (2001) The Huanghe (Yellow River) and Changjiang (Yangtze River) deltas: a review on their characteristics, evolution and sediment discharge during the Holocene. *Geomorphology*, vol. **41** (3/4), (in press)

（10） 斎藤文紀（２００１）デルタ『地球温暖化の日本への影響2001』環境省地球温暖化問題検討委員会温暖化影響評価ワーキンググループ　１６４―２６７頁

日本地理学会「海岸・沿岸域の環境動態研究グループ」研究例会及びシンポジウムの記録

1996年10月6日（岐阜大学）

海津正倫（名古屋大学）：海岸・沿岸域の環境動態研究グループ設立の経緯と今後の活動計画について

中田　高（広島大学）：地層断面採取装置の考案とその利用

藤本　潔（森林総合研究所）マングローブ海岸の現状と地球環境変動との関わり

1997年3月30日（都立大学）

河名俊男（琉球大学）：タイ・マレーシアにおける完新世海面変動研究の現状

貞方　昇（北海道教育大学）：インド東海岸沖積平野形成の諸問題

小池一之（駒澤大学）：国際地理学会海岸システム委員会について

1998年3月29日（国士舘大学）

宮城豊彦（東北学院大学）：マングローブ研究と地球環境変動

1998年5月9日（駒澤大学）

長谷川均（国士舘大学）：開発行為に伴うサンゴ礁環境の変化—石垣島アンパル干潟と白保サンゴ礁を例に—

久保純子（中央学院大学）：東京低地の歴史時代における海岸線の変化

小池一之（駒澤大学）：タイ Phang Na Bay にみられる沈水カルスト

１９９８年７月11日（駒澤大学）
市川清士（駒澤大学・非）：琉球のサンゴ礁形成と海水準変動
山野博哉（東京大学・院）：海面安定後のサンゴ礁地形の発達と将来の海面上昇に対する応答

１９９８年11月２日（名古屋大学年代測定資料研究センター）
「地球規模の環境変動にかかわる海水準変動とマングローブの立地に関する国際シンポジウム」（共催）
（詳細は省略）

１９９９年３月29日（専修大学）
平井幸弘（愛媛大学）：海跡湖における海面上昇の影響予測評価
大平明夫（宮崎大学）：北海道北部の沖積低地における完新世中期以降の環境変遷

１９９９年７月５日（早稲田大学）
Vu Van Phai（ハノイ国家大学）：紅河デルタの地形　（共催）

１９９９年９月20日（東京大学）
Colin Woodroffe（ウオロンゴン大学）：クリスマス島―中央太平洋の変化する環境―　（共催）

１９９９年10月９日（四国大学）
古田　昇（徳島文理大学）：徳島平野における最終間氷期以降の地形環境の変化

２０００年３月16―17日（地質調査所）
国際シンポジウム「三角州―そのダイナミックス、堆積相とシーケンス」（共催）
（詳細は省略）

2000年3月29日（早稲田大学）

日本地理学会シンポジウム「地球規模の環境変化とアジア・太平洋地域における海岸環境」

セッションⅠ：開発途上国の自然海岸

海津正倫（名古屋大学）：地球環境変動に対する熱帯アジアのデルタの応答

茅根　創（東京大学）：地球環境変動に対するサンゴ礁の応答

藤本　潔（森林総合研究所）・宮城豊彦（東北学院大学）：マングローブ海岸の急激な変貌と地球環境問題

三村信夫（茨城大学）：南太平洋島嶼国における海岸侵食の特徴

米倉伸之（東京大学）：コメント1

セッションⅡ：都市化された海岸

Harvey A. Shapiro（大阪芸術大学）：Long-Range Ecological Planning for Sea Level Rise in the Osaka Bay Area

若松加寿江（東京大学）ウオーターフロント地盤の問題点と海面変動の影響（欠席）

小池一之（駒澤大学）：コメント2

セッションⅢ：海面上昇に対する影響予測

黒木貴一・川口博行（国土地理院）：海面上昇の影響評価に関するタイ国沿岸域を対象とした国土地理院の研究
―バンパコン川下流域のケーススタディー

平井幸弘（愛媛大学）：タイ国ソンクラー湖における海面上昇の影響予測評価

斉藤文紀（地質調査所）：コメント3

＊発表者の所属は、発表当時のもの

執筆者紹介（初版第1刷発行時）

海津正倫　うみつまさとも

名古屋大学大学院環境学研究科教授。1947年東京都出身。東京大学大学院理学系研究科地理学専攻博士課程修了。理学博士。専門は地形学、自然地理学。

藤本　潔　ふじもときよし

南山大学総合政策学部助教授。1961年宮崎県生まれ。東北大学大学院理学研究科地学専攻博士課程修了。理学博士。専門は自然地理学。

茅根　創　かやねはじめ

東京大学大学院理学系研究科助教授。1959年東京都生まれ。東京大学大学院理学系研究科地理学専攻博士課程修了。理学博士。専門は地球システム学、サンゴ礁学、第四紀学。

横木裕宗　よこきひろむね

茨城大学広域水圏環境科学教育研究センター助教授。1965年兵庫県生まれ。東京大学大学院工学系研究科土木工学専攻修士課程修了。博士（工学）。専門は海岸環境工学。

三村信男　みむらのぶお

茨城大学広域水圏環境科学教育研究センター教授。1949年広島県生まれ。東京大学大学院工学系研究科都市工学専攻博士課程修了。工学博士。専門は地球環境工学。

小池一之　こいけかずゆき

駒澤大学文学部教授。1935年茨城県生まれ。東京大学大学院理学系研究科地理学専攻博士課程修了。理学博士。専門は自然地理学。

Harvey A. Shapiro　ハーヴィ　エイ　シャピロ

大阪芸術大学芸術学部教授。1941年米国オハイオ州生まれ。京都大学大学院農学研究科地域計画専攻博士課程修了。農学博士。専門は環境計画。

春山成子　はるやましげこ

東京大学大学院新領域創成科学研究科助教授。1954年東京都生まれ。東京大学大学院農学系研究科農業工学専攻博士課程修了。農学博士。専門は応用地形学、東南アジア。

黒木貴一　くろきたかひと

福岡教育大学教育学部助教授。1965年宮崎県生まれ。東北大学大学院理学研究科地学専攻修士課程修了。博士（理学）。専門は地形学。

平井幸弘　ひらいゆきひろ

専修大学文学部教授。1956年長崎県生まれ。東京大学大学院理学研究科地理学専攻単位取得。博士（理学）。専門は自然地理学、環境地形学。

齋藤文紀　さいとうよしき

独立行政法人産業技術総合研究所海洋資源環境研究部門沿岸環境保全研究グループ長。1958年香川県生まれ。京都大学理学部卒。理学博士。専門は浅海堆積学。

編者
海津正倫　奈良大学特命教授・名古屋大学名誉教授
平井幸弘　駒澤大学文学部教授

書　　名	海面上昇とアジアの海岸
コ ー ド	ISBN978-4-7722-3012-4　C1040
発 行 日	2001年９月15日初版第１刷発行 2019年３月１日第３刷発行
編　　者	海津正倫・平井幸弘 Copyright © 2001 Umitsu Masatomo and Hirai Yukihiro
発 行 者	株式会社古今書院　橋本寿資
印刷製本	株式会社カシヨ
発 行 所	古今書院 〒101-0062　東京都千代田区神田駿河台２-10 http://www.kokon.co.jp/
電　　話	03-3291-2757
Ｆ Ａ Ｘ	03-3233-0303
振　　替	00100-8-35340

検印省略・Printed in Japan